U0151812

高颜值
简单料理

萨巴蒂娜◎主编

中国轻工业出版社

饭桌上的美丽仪式

无论是发朋友圈，在家里请客吃饭，还是想好好宠爱自己，我们都想做高颜值的料理。

有如下几个法则：选择好看的容器。我喜欢用比较平的纯色盘子，颜色不要太鲜艳，这样料理摆上去之后才能被凸显。

选择好看的食材。蔬菜颜色越是丰富，营养也越全面，所以一定要多做蔬菜，因为不止是为了好看，还因为多吃蔬菜身体好。

选择好看的点缀。我随时种几盆小香葱，炒好菜之后就剪两根撒在菜肴上面。如果你不排斥香葱，不妨也在自己家里用花盆种上一些，小葱非常好养活，水多水少都不影响。我还有一个聪明的朋友喜欢撒芝麻粒。她的方法是用烤箱把白芝麻烘焙香，然后放在小瓶里，比如做一个绿油油的炒菠菜，临出锅的时候撒一些白芝麻粒，真是好看又好吃。

选择好看的搭配。比如番茄就特别适合和鸡蛋一起做，西蓝花特别适合虾仁，红烧茄子可以单独做主角，但是如果和米饭在一起，真是美丽得让人流口水。

我以前觉得好吃比好看更重要，研究味道很久之后，我才逐渐发觉，颜值真的可以提升食物的味道。

不过我还有一个更好的诀窍，就是把餐桌安置在我种满花的阳台上，一边吃饭一边看着我的小花花，此情此景，令我做的菜立刻风情万种！

萨巴小传：本名高欣茹。萨巴蒂娜是当时出道写美食书时用的笔名。曾主编过五十多本畅销美食图书，出版过小说《厨子的故事》，美食散文集《美味关系》，现任"萨巴厨房"主编。

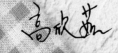 敬请关注萨巴新浪微博 www.weibo.com/sabadina

萨巴蒂娜
个人公众订阅号

目 录
CONTENTS

CHAPTER1　巧做开胃菜，给你的餐桌添色彩

口水鸡

18

八宝菠菜

20

麻酱豆角

21

桂花糯米藕

22

蓑衣黄瓜

24

酸甜小萝卜

26

手撕杏鲍菇

27

木耳拌山药

28

蓝莓山药

29

薯片牛油果大虾沙拉

30

 CHAPTER2 匠心当家菜，众口不再难调

CHAPTER3 学做"洋口味"，品尝异域风

 CHAPTER4 花样主食，让你轻松吃得饱

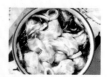

木瓜椰奶冻

168

牛奶小方

170

绿豆糕

172

草莓大福

174

焦糖布丁

176

酒酿圆子羹

178

紫薯银耳汤

180

红薯姜糖水

182

荸荠板栗红枣汤

183

雪梨石榴汁

184

杨枝甘露

185

酸梅汤

186

热带水果茶

187

蜜桃冰茶

188

猕猴桃思慕雪

189

计量单位对照表

1 茶匙固体材料 =5 克　　1 茶匙液体材料 =5 毫升

1 汤匙固体材料 =15 克　　1 汤匙液体材料 =15 毫升

初步了解全书

看着名字
就流口水

时间、难易度
清楚明了

营养贴士让你
吃出健康

品尝美味菜肴也
是有情怀的

需要用到的
食材一目了
然，要打有
准备的仗

详尽直观的
操作步骤让
你简单上手

烹饪秘籍，让
你与美味不再
失之交臂

高颜值的秘密，你做的菜就
是好吃又漂亮

为了确保菜谱的可操作性，
本书的每一道菜都经过我们试做、试吃，并且是现场烹饪后直接拍摄的。
本书每道食谱都有步骤图、烹饪秘籍、烹饪难度和烹饪时间的指引，确保你照着图书一步步
操作便可以做出好吃的菜肴。但是具体用量和火候的把握也需要你经验的累积。

书中部分菜品图片含有装饰物，不作为必要食材元素出现在菜谱文字中，读者可根据自己的
喜好增减。

简单、方便、快捷，
提升菜品颜值，这里有招数

绿色蔬菜保持颜色的秘密

绿色蔬菜碧绿青翠，让人食欲大开，但是稍微不留意，很容易变黄，则色香味大打折扣。

可采用以下方法让绿叶菜保持颜色。

 急火快炒

急火快炒，快速焯烫后过凉水，
凉透后再下锅快速烹饪，可
以保持绿色。

不盖锅盖

盖锅盖容易导致蔬菜
中的有机酸难以挥
发，形成酸性环境，
使叶绿素分解。同时，
也不要加醋等酸味的调
料或者用酸味的食材做
配料。

如何防止蔬果氧化变色

许多蔬菜、水果切开或削皮后会氧化变色，比如土豆、莲藕、山药、苹果等。
可采用以下方法使蔬菜、水果保持原色。

焯水法

把切好的新鲜水果、蔬菜放在沸水中烫几分钟，可以阻断氧化反应。

浸水法

把削皮后的土豆、山药等浸在冷水里，使其与空气中的氧隔绝，就不会氧化了。

好看好吃的百搭凉菜调料汁

咸鲜味

材料：蚝油2汤匙，生抽2汤匙，蒸鱼豉油2茶匙，醋2茶匙，白糖2茶匙。

做法：将以上所有调料混合，搅拌均匀即可。

用途：可以拌萝卜、各类菌菇、粉丝拌杂菜等。

酸辣味

材料：生抽2汤匙，醋3汤匙，盐1茶匙，白糖2茶匙，辣椒油1汤匙，香油2茶匙，小米椒2个，蒜2瓣，小葱1棵，熟芝麻适量。

做法：

1 将生抽、醋、盐、白糖、辣椒油、香油混合均匀成调料汁。

酸甜味

材料：柠檬1/4个，白糖2茶匙。

做法：

1 将柠檬挤出约1汤匙柠檬汁。

2 加入2茶匙白糖，拌匀即可。

用途：可以拌圣女果、白菜心、樱桃萝卜等。

2 小米椒切小圈；蒜瓣切末；小葱切葱花。

3 将小米椒、蒜末、葱花、熟芝麻与调料汁混合，搅拌均匀即可。

用途：可以拌各类蔬菜，如木耳、毛豆仁、莴笋、土豆丝等。

高颜值的配色技巧

田园法

田园配色法，就是结合食材的本来颜色，选用多样化的食材，达成一种五彩缤纷的效果，好像身处在瓜果满园的庭院中，让人赏心悦目。

田园配色的要点：

1 食材颜色至少需要3种以上，红、绿、黄、白等任意组合。

2 食材需要处理成大小均匀的形状，比如条、丝、丁状等。

撞色法

"撞色"就是两种对比色搭配，形成十分鲜明的视觉冲突，一般采取撞色法的为两种食材的搭配，而且食材所用分量差不多。

采用撞色法最典型的就是"红+黄"的番茄炒蛋，另外还有"白+黑"的山药木耳，"红+绿"的腊肠荷兰豆等。

食材巧处理，颜值不减分

番茄去皮

番茄在煎炒的时候容易掉皮，有点影响菜的"形象"。为了保证番茄类菜品的颜值，我们可以在下锅前给它"脱衣"。

经过下面的火烤或者水烫，番茄的皮就很容易撕下来了。

火烤法

用叉子叉住整只番茄，炉灶开最小火，将番茄划"十"字刀，放在火上烤2分钟左右，记得整个番茄360°都要烤到。

水烫法

番茄划"十"字刀，放入沸水烫2分钟左右，也是整个番茄360°烫一圈。

盒装豆腐如何完整取出

盒装内酯豆腐滑嫩可口，但是太嫩太"脆弱"，从盒子里倒出来时很容易坍塌，影响造型。

有一种方法能让豆腐"稳住"：盒子翻转过来倒置，用剪刀剪去四个角，然后再翻回正面，撕去上面的包装纸，这样就能整盒完整地倒扣在盘子里了。

如何熬出乳白色的浓汤

鱼头汤、鲫鱼豆腐汤，好多汤我们都追求一种乳白色的视觉效果。一见到乳白色的浓汤，就有一种特别鲜美入味和营养滋补感觉。有人为了追求这种感觉，还往汤里加牛奶或奶油。

其实熬出乳白色浓汤没有那么难：在煮汤前，食材需要经过高温油煎，比如鲫鱼，需要在油锅里大火煎一会儿，再加热水，大火煮，就能煮出乳白色的汤了。

这是由于高温下油脂产生了乳化效果，从而形成了乳白色的浓汤。

简单熬出"花样油"

用简单几个步骤，熬出鲜美好看的调味油，给菜品提亮增色。

1. 葱油

锅烧热，放油，烧至五成热后放入葱花，改小火慢熬至葱香浓郁，如即时使用，小葱不要熬到焦黄，待葱香冒出时即可关火。

如只取油，可熬至葱的水分收干，此时将葱捞出不用，只留葱油。

葱油可以制作的菜品：葱油金针菇（见第56页）、葱油芋艿、葱油梭子蟹（见第98页）、葱油蛏子等。

2. 虾油

鲜虾剥下虾头、虾壳。锅烧热，放油，烧至五成热后放入虾头、虾壳，改小火，炸至虾头金黄，一般弃虾头虾壳不用，只留虾油。

如虾的品质上乘，虾头炸至金黄后可蘸椒盐作为下酒小菜。

虾油可以制作的菜品：虾油娃娃菜（见第100页）、虾油豆腐、虾油茭白等。

浓油赤酱的
诱人法则

家常菜有一类"红烧菜系"是永恒的经典，红烧肉、红烧排骨、红烧鱼，一摆上餐桌就勾人食欲。

"红烧色"作为一种风靡厨房几十年的流行色，是这么来的：

1. 炒糖色

锅烧热，放油，下白糖或冰糖，中小火慢慢翻炒，使糖变成焦糖色即可。需要注意的是，必须要控制火候和油温，否则糖很容易焦煳。新手初次尝试可以调小火慢熬。

一般来说，冰糖炒出的糖色比白糖更晶莹透亮一些。

2. 生抽+老抽

生抽提鲜，老抽增色，这是厨房新手入门之后很快就掌握的口诀。老抽颜色十分浓重，需要注意用量，新手可以先把老抽倒在汤匙中再下锅，以防直接倒入锅时"手抖"，不小心倒多了。

3. 使用红烧汁

现在厨房调料五花八门，部分调料品牌专门研制了"红烧汁"调料，兼具咸鲜甜的口味，可代替炒糖色或生抽老抽使用。

高颜值的
极简法则

"极简就是美"的时尚法则，在厨房同样适用。极简配色，就是采用一种"铺天盖地"的主色，营造简单鲜明的视觉效果。

极简配色的菜品主要有：红的如沸腾鱼（第94页）、辣子鸡（第78页），绿的如干贝草头（第87页）、蓑衣黄瓜（第24页）、青豆泥（第43页），黄的如黄金玉米烙（第46页）、咸蛋黄焗南瓜（第48页）等。

颜值加分之小配角

小葱

都说"红花还需绿叶配"，如果把一道菜比作红花，那很多情况下，青翠可人的小葱花就是那个"绿叶"了。

小葱的处理要点：

1 切葱花时，可以中间拦腰一切为二，再重复一次，这样可以方便快速地切出更多葱花，葱花如果只用来配色，清洗沥水后直接使用即可。

2 如需要取葱香，可以在锅里烧热油，至油冒烟，迅速倒在葱花上，激发出葱香味。

3 小葱的绿色部分，即空心的"管状"部分，可以切成段后，竖切成细细的葱丝，用来作为蒸菜的点缀，如放在蒸蛋上，会自动卷起，可爱又好看。

蛋皮

蛋皮不是蛋壳，而是用蛋液煎成一张薄薄的饼皮，再切丝作为配菜使用。

蛋皮做法：

1 鸡蛋磕入碗中，加少许盐，搅打成均匀的蛋液。

2 平底锅烧热，刷一层薄油，倒入蛋液后，晃动平底锅，使蛋液铺满锅底。

3 小火煎至蛋液凝固，成均匀的薄饼状。

4 揭下蛋皮，稍微凉凉后，切成细丝即可。

蛋皮可以用来作为紫菜汤、小馄饨等的配菜，既增加味道，又提高颜值。

1

CHAPTER

巧做开胃菜，
给你的餐桌添色彩

令人垂涎三尺

口水鸡

⏱40分钟　🔥🔥中等

主料

鸡腿2只

辅料

小葱3根·熟花生米30克·熟白芝麻1茶匙
辣椒油2汤匙·花椒油2茶匙·蒜2瓣·小米椒2个
姜1小块·花椒约20粒·料酒1汤匙·醋2茶匙
生抽1汤匙·白糖1茶匙·盐1/2茶匙

🥢 营养贴士

都说红肉不如白肉，鸡肉就
是典型的"白肉"。鸡腿肉
滑嫩鲜香，是很好的蛋白质
来源，而且热量也较其他肉
类更低。

做法

1 小葱洗净，2根挽成
结，1根切成葱花。

2 蒜切末，姜切片，小
米椒切细圈，熟花生米
压碎成细的颗粒。

3 鸡腿洗净，冷水下
锅，放入花椒、葱结、
姜片，倒入料酒。

4 大火烧开，转中火煮
10分钟后，再小火焖8
分钟左右，至鸡腿肉最
厚的地方能用筷子扎进。

5 鸡腿出锅后，浸入冰
水彻底凉透，捞出沥干。

6 鸡腿斩块，放入盘
中，将葱花、蒜末、小
米椒圈放在鸡肉上。

7 将辣椒油、花椒油、
醋、生抽、白糖、盐放
入碗中，加入1汤匙煮鸡
的汤，搅拌均匀成酱料。

8 把酱料浇在撒了调料
的鸡肉上，最后撒上花
生碎和芝麻即可。

⌐ 烹饪秘籍 ⌐

1 这道口水鸡也可以选用嫩的三黄鸡来制作，因制作凉
菜用到的量较少，用鸡腿更为方便。

2 焖煮鸡腿要注意火候，以鸡肉能扎进筷子而又不渗出
血水为宜，不能煮得过老。

3 调料还可以根据自己的喜好加入香菜，或调整麻、辣
的比例（多麻少辣或少麻多辣）。

△ 高颜值的秘密 ⌐

嫩白的鸡腿肉加上红
的小米椒、翠绿的小
葱，浸透在一汪红亮
的辣椒油里，光是看
着就让人食指大动。

🍆 "口水鸡"是一道川味凉菜。麻辣红油浸没的鲜嫩鸡块搭配丰富的配料，集麻、辣、鲜、香于一身，想想都让人咽口水，怪不得会叫"口水鸡"呢。

💬 这道菜颜色多样，口味丰富，名字也十分喜气，可以说是既有"色、香、味"，又讨得好口彩，很适合作为家宴上的凉菜。

好色彩，好口彩
八宝菠菜
🕐 20分钟　🥄 简单

主料

菠菜100克·虾仁30克
果仁（核桃仁、花生仁）30克
彩椒（红椒、黄椒）20克
洋葱10克

辅料

熟白芝麻1茶匙·食用油1茶匙
香油1茶匙·盐3克·米醋1茶匙
生抽1茶匙

🍲 营养贴士

菠菜中含有大量的β胡萝卜素和铁，铁元素能令人面色红润。加了坚果的菠菜，比大力水手的菠菜罐头营养更全面。

做法

1 菠菜、彩椒、洋葱洗净，菠菜切段，彩椒、洋葱切碎。

2 锅中烧开水，加入几滴食用油，放入菠菜、彩椒、洋葱焯熟后捞出。

3 在开水锅中放入虾仁焯熟，捞出沥水。

> 烹饪秘籍
>
> 1 如喜欢麻辣口味，可以在调料汁中加少许辣椒油和花椒油。
>
> 2 果仁可以换成其他喜欢的种类，比如扁桃仁、开心果、夏威夷果仁等。

4 将凉凉的菠菜、彩椒、洋葱挤出水分，和虾仁、果仁一起放入大碗中。

5 将食用油、香油、盐、米醋、生抽倒入小碗中，加入1汤匙凉开水，搅匀调味料。

6 将调料汁倒入大碗中，把所有食材和调料汁搅拌均匀，最后撒上芝麻即成。

△ 高颜值的秘密

一道好看的八宝菠菜，一是菠菜碧绿，二是蔬菜、果仁等食材颜色多样，不一定凑够"八宝"，但一定多样才好看。

就要这个味儿
麻酱豆角

🕐 10分钟　　🍳 简单

夏天高温，不爱起火炒菜的时候，就喜欢吃个凉菜。还要做法简单，看起来清爽，吃起来够味的凉菜。试试这道麻酱豆角，绝对符合以上要求。

主料

豇豆200克

辅料

芝麻酱1汤匙·米醋1茶匙·生抽1汤匙
细砂糖1茶匙·盐1/2茶匙

🍎 营养贴士

豇豆含有丰富的B族维生素和维生素C，而且作为蔬菜，热量也很低，100克豇豆仅有28千卡热量，多吃也无妨。芝麻酱富含蛋白质和钙质、卵磷脂，有防脱发的作用。

做法

1 豇豆洗净，择掉头尾，掰成3~5厘米长的段。

2 锅中烧开水，放入盐，将豇豆下锅焯三四分钟。

──┤ 烹饪秘籍 ├──

喜欢吃麻辣味的，还可以在这个基础上调入辣椒油和花椒油。

🔺 高颜值的秘密

豇豆只要焯3分钟就可以完全熟透，千万不能煮过头，否则翠绿的颜色变黄后，颜值会大打折扣。

3 将焯熟的豇豆捞起，过冷水或冰水后沥干。

4 将芝麻酱等辅料中的所有调料混合，加入1汤匙纯净水，搅匀成酱汁。

5 把酱汁浇到豇豆上即成。

餐桌上的江南秋色
桂花糯米藕

🕑 2小时（不含浸泡时间）　🔥🔥中等

主料

藕500克（2节）· 糯米100克

🍚 营养贴士

藕富含铁、钙等矿物质元素，植物蛋白质、维生素含量也很丰富。

辅料

桂花干10克 · 蜂蜜2汤匙 · 冰糖50克 · 红糖30克

做法

1 糯米洗净，浸泡3小时以上，沥干水分。

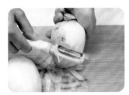

2 藕去皮，清洗干净。

3 在藕节一端的3厘米处切开，得到一节藕和一个"盖子"。

4 将浸泡好的糯米灌入藕的孔，尽量灌满。

5 用牙签将藕节和"盖子"固定住。

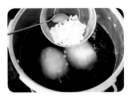

6 藕放入高压锅，加水没过藕，放入冰糖、红糖。

7 大火煮至上汽后，转中小火焖煮1小时，关火。

8 高压锅放汽后，开锅取出藕，略微放凉后切片，浇上蜂蜜、撒上桂花干即可。

─── 烹饪秘籍 ───

1 糯米一定要塞满藕孔，可以用竹签或筷子辅助，尽量戳紧实。

2 如时间足够，可以在焖煮糯米藕至软熟后，中火将汤汁收至浓稠。如采用这种方法，可以不用浇蜂蜜。

🔍 高颜值的秘密

煮糯米藕需要放红糖，可使成品颜色浓郁；加蜂蜜可提升"亮"度；撒桂花干则能增香添彩。

桂花糯米藕最常出现的季节是秋天，最常出现的地方是江浙菜餐厅，最喜欢它的人是妈妈辈的家人。桂花糯米藕香、甜、糯，一派江南清雅滋味，是餐桌上的一道宜人风景。

青箬笠，绿蓑衣
蓑衣黄瓜
🕐 20分钟　　🌶🌶 中等

主料

黄瓜1根

辅料

大蒜3瓣·小红椒4根·盐1/2茶匙·白砂糖1茶匙
醋2汤匙·生抽2汤匙·香油1茶匙

 营养贴士

黄瓜水分充足，适合夏季食
用，而且热量超低，是很好
的减肥食材。

做法

1　黄瓜洗净，切去头
尾；大蒜切末；小红椒
洗净，切细圈。

2　黄瓜放案板上，在黄
瓜两侧各放一根筷子，
刀与黄瓜垂直，下刀切
至筷子处，依次切完一
根黄瓜。

3　黄瓜翻至没切过的
一面，仍旧在两侧各放
一根筷子，刀与黄瓜呈
45°角，下刀切至筷子
处，依次切完一根黄瓜。

4　在黄瓜上均匀撒上
盐，腌制10分钟后，倒
掉黄瓜析出的水分。

5　打开黄瓜，将黄瓜
像"长龙"一样盘在盘
子里。

6　将辅料中的所有调料
混合。

7　将调料搅拌均匀后，
浇在黄瓜上即可。

── 烹饪秘籍 ──

如需要激发出蒜末和小红椒的香味，可以烧热1汤匙油
浇上去。

⚐ 高颜值的秘密 ──

这道菜的所有高颜值
秘密都在黄瓜的体形
和切黄瓜的刀功上。
一是需要选择长得很
直的黄瓜，二是切得
均匀而薄，多练习几
次就能熟练掌握了。

拌黄瓜谁都吃过。这道蓑衣黄瓜从本质上来说，其实就是拌黄瓜，只是用了点巧心思，让普通的黄瓜颜值飙升，令人眼前一亮。有时候，简单的菜加一点匠心，就能换来高颜值。

比起我们常吃的白萝卜或红萝卜，樱桃萝卜更加爽脆和甘甜，没有了让人"敬而远之"的辛辣味道，而且迷你可爱，颜色娇艳，特别讨人喜欢。

粉红俏佳人

酸甜小萝卜

⏱ 15分钟　🔥 简单

主料

樱桃萝卜300克

辅料

盐1/2茶匙・细砂糖2茶匙
白醋1茶匙・薄荷叶适量

🍲 营养贴士

樱桃萝卜的维生素C含量是番茄的三四倍，它还含有多种矿物质和维生素，有健胃消食、止咳化痰、除燥生津等功效，还可以起到清肠瘦身的作用。

做法

1 樱桃萝卜洗净，沥干水。

2 将樱桃萝卜横切成均匀的薄片，加入盐，腌制10分钟，倒掉水分。

烹饪秘籍

用盐腌制一会儿，可以让樱桃萝卜更爽脆。

3 加入细砂糖、白醋，搅拌均匀。

4 用几片薄荷叶点缀即可。

△: 高颜值的秘密

一片片薄如蝉翼的小萝卜片，每一片都镶上了一道小红边，娇俏可爱。不要用颜色浓重的酱料去破坏这种纯净的美。

一清二白
手撕杏鲍菇

🕐 20分钟　🔥 简单

主料

杏鲍菇3个（约150克）

辅料

小米椒2个 · 小葱1根 · 姜1小块
蒜2瓣 · 生抽2汤匙 · 醋2茶匙
盐1/2茶匙 · 白砂糖1茶匙

🥗 **营养贴士**

杏鲍菇是集食用、
药用、食疗于一体
的食用菌品种，含有
17种氨基酸，其中7种是人体必需
氨基酸，是高营养、低热量的减
脂食材。

〉烹饪秘籍 〈

杏鲍菇也可以先用手撕，再入沸水
中焯熟。但菜谱中采用蒸的方式，
鲜味损失更少，也不会有过多的
水分。

⚠ 高颜值的秘密

这道凉菜清清爽爽，一清二白。高
颜值的关键是，杏鲍菇要撕得细而
均匀，小葱花和小米椒都是点睛之
笔，可以少加但不要省略。

🍆 杏鲍菇味道鲜美，口感脆嫩，有一种特别的
嚼劲。习惯了煎炒的做法，试试这种"蒸+拌"
的做法，一定会让你耳目一新。

做法

1 小葱、小米椒、姜洗净，
小葱切葱花，小米椒切细圈，
姜切丝，蒜去皮、切蒜末。

2 杏鲍菇洗净，放入蒸锅
中，大火蒸10分钟。

3 将蒸熟的杏鲍菇凉凉，手
撕成均匀的丝。

4 生抽、醋、盐、白砂糖搅
匀成调料汁。

5 杏鲍菇丝、葱花、姜丝、
蒜末、小米椒圈放入盘中，倒
入调料汁，搅匀即可。

木耳和山药简直是一对绝配，一般平时都是炒着吃，这次全程不放一滴油，一黑一白，清爽脆嫩。

清新水墨画
木耳拌山药

🕐 20分钟　🥄 简单

主料

干木耳10克·山药100克
熟核桃仁30克

辅料

盐1/2茶匙·鸡粉1克

🥣 营养贴士

木耳可以清肠排毒，核桃可以健脑，山药温补强身。

做法

1 将木耳用温水泡1小时至发，冲洗干净，撕成小朵。

2 山药洗净、去皮，切成薄片。

烹饪秘籍

木耳不可在水里长久浸泡，否则会产生霉菌导致中毒，必须即泡即用。

3 锅中烧沸水，加盐，下泡好的木耳和山药焯熟。

4 捞出装盘，拌入鸡粉，凉凉，放入核桃仁即可开吃。

🔺 高颜值的秘密

凉菜里的"高级灰"，简简单单的黑白配色，像一幅黑山白雪的水墨画。

养生也要小清新
蓝莓山药

🕐 20分钟　🔥 简单

主料

山药300克

辅料

蓝莓酱50克

🥢 山药可以做菜，也可以做点心，这次加上蓝莓酱，更像一道小甜品，清凉、微脆，而且吃起来酸甜可口，美味又养生。

🥣 **营养贴士**

山药是食补佳品，健脾和胃，温补强身，是适合日常食用的养生食材。

── 烹饪秘籍 ──

1 山药的黏液会刺激皮肤，去皮时尽量戴上手套。

2 山药去皮后如不马上下锅，需要浸泡在淡盐水中防止氧化。

── 高颜值的秘密 ──

这道超级简单的小甜品有三个小秘密，一是山药要防止氧化变黑，二是要切得均匀，三是"搭建"一个造型，横竖垂直往上堆叠即可。

做法

1 山药冲洗干净后去皮，切成均匀的1厘米粗、5厘米长的条状。

2 锅里放水，大火烧开，放入山药条煮两三分钟至熟。

3 捞起山药条，过凉水，沥干。

4 将山药条放入盘中摆好造型。

5 蓝莓酱中倒入1汤匙纯净水，搅匀，浇在山药上即成。

🥄 这道沙拉每种食材都是"主角"，牛油果拥有香滑的口感，虾仁负责鲜味，作为"底座"的薯片提供了酥脆，而芒果也不能省略——它带来了热带的香甜滋味。

别拿薯片不当菜

薯片牛油果大虾沙拉

🕐 20分钟　🔥 简单

主料

牛油果1个・鲜虾12只
芒果1个（约80克）・原味薯片50克

辅料

沙拉酱适量

🥥 **营养贴士**

鲜虾富含优质蛋白质，牛油果富含不饱和脂肪酸，芒果富含多种维生素，这道沙拉美味又营养。

🔍 **高颜值的秘密**

用薯片当容器，外形更俏皮可爱，原只完整大虾诱人食欲。

做法

1 鲜虾洗净，入沸水锅中焯熟后，捞起沥干。

2 鲜虾去壳、去虾线，将4只虾仁切碎，留8只完整虾仁备用。

3 牛油果去皮、去核，切成均匀的小块；芒果去皮，取肉，切小块。

4 牛油果、芒果、虾仁碎加入沙拉酱，搅拌均匀。

5 舀一勺牛油果芒果虾仁碎盛放在薯片盏中。

6 最后放一颗完整的虾仁在上面即可。

✂ 烹饪秘籍

最好不要使用冷冻虾仁，否则会影响口味和造型。

沙拉走出魔鬼步伐
魔鬼蛋沙拉

⏱ 20分钟　　🍴 简单

💬 魔鬼蛋沙拉看起来并不"魔鬼"，还一副小清新的样子，但是你不能被它的表象迷惑。尝一口，你就会知道它为啥取这个名字啦！

主料

鸡蛋4个

辅料

蛋黄酱2汤匙·芥末酱1/2茶匙
黑胡椒粉1/2茶匙·盐1/2茶匙
薄荷叶适量

🥣 **营养贴士**

鸡蛋是优质的蛋白质来源，其氨基酸比例很适合人体生理需要、易为机体吸收。要养成"每天吃一个鸡蛋"的好习惯哦。

✂ 烹饪秘籍

芥末酱最好不要省略，它是这道小凉菜的"灵魂"。

做法

1 锅中烧水煮开，放入鸡蛋，煮约8分钟至熟。

2 煮好的鸡蛋捞出，过凉水，剥去鸡蛋壳。

3 鸡蛋一切两半，取出蛋黄。

4 将蛋黄用勺子碾碎，放入盐、蛋黄酱、芥末酱、黑胡椒粉，搅拌均匀。

5 将蛋黄泥装入裱花袋，在蛋白"碗"中挤入蛋黄，最后用薄荷叶装饰即可。

💡 高颜值的秘密

魔鬼蛋沙拉特别简单，但是也容易把蛋黄部分弄得"不忍直视"。出彩的秘诀有二：一是蛋黄泥要均匀顺滑；二是最后的小绿叶装饰不要省略。

饱腹减脂

鸡蛋牛油果沙拉

⏱20分钟　🔥简单

主料

鸡蛋2个·牛油果1个·玉米笋50克·生菜50克
圣女果30克

🍚 **营养贴士**

牛油果的脂肪主要是健康的不饱和脂肪酸,此外,牛油果中的蛋白质、维生素和膳食纤维含量也很高。

辅料

橄榄油1.5汤匙·柠檬汁1汤匙·蜂蜜1茶匙

做法

1 将橄榄油、柠檬汁和蜂蜜搅匀成为油醋汁。

2 玉米笋洗净;锅中烧水煮开,放入玉米笋焯2分钟,捞出沥水。

3 在沸水锅中放入鸡蛋,煮七八分钟至熟。

4 煮好的鸡蛋捞出,过凉水,剥去鸡蛋壳,切成4瓣月牙状。

5 生菜、圣女果洗净后沥干,生菜撕成小片,圣女果一切两半。

6 牛油果去皮、去核,切成小块。

7 碗中先放入生菜片,再放入牛油果、玉米笋、圣女果,摆上鸡蛋,最后淋入油醋汁即可。

──── 烹饪秘籍 ────

鸡蛋不要煮得过熟,蛋黄有微微湿润,吃起来更美味,且颜色也好看。

🔍 高颜值的秘密

各类颜色不同的食材错落摆放,就是高颜值的秘密所在啦!

这道沙拉看起来赏心悦目，吃起来滋味丰富，不仅适合作为餐桌的开胃冷菜，也特别适合作为减脂餐食用。

彩虹易散琉璃脆
彩虹沙拉

🕐 30分钟　　🍐 简单

主料

圣女果50克・猕猴桃50克
西柚50克・橙子50克
蓝莓50克・紫薯50克
玉米粒50克

辅料

原味酸奶2汤匙

 🍚 **营养贴士**

这款彩虹沙拉从颜色上考虑，西柚可以用
西瓜代替，猕猴桃可以用黄瓜代替，不过
西柚比西瓜糖分少，猕猴桃比黄瓜维生素
含量高。

做法

1 猕猴桃、西柚、橙子去
皮，切成大小均匀的小块，圣
女果一切为二。

2 紫薯去皮，切小块，蒸约
15分钟至熟，取出凉凉。

3 锅中烧沸水，放入玉米
粒，焯半分钟至熟，捞起沥
水，凉凉。

4 将各类蔬果按颜色不同，
间隔整齐摆放，浇上酸奶
即可。

> 烹饪秘籍

紫薯和玉米粒要分开
烹制熟，以防止玉米被
染色。

△ 高颜值的秘密

这道菜色彩纷呈，参差排列，大小均匀，琳琅满
目。可以排列成彩虹的拱门形状，也可以整齐地
竖向排列。记得一定要红绿黄蓝紫间隔开来。

🥄 把你喜欢的各种颜色的蔬果洗洗切切摆摆，就这么简单，就这么好看，一下子就抓住了众人的眼球。当然，好吃那是肯定的。

经典复古
凯撒沙拉

🕐 20分钟 · 🍐 简单

主料

面包片2片 · 鸡蛋2只 · 生菜8~10片 · 帕马森奶酪20克

辅料

盐1/2茶匙 · 美乃滋酱1汤匙 · 柠檬汁10毫升 · 橄榄油1汤匙

> 🍎 **营养贴士**
>
> 面包、蔬菜、鸡蛋、奶酪,这一盘沙拉,碳水化合物、维生素、蛋白质、钙质都有了,是一道简单方便的主食沙拉。

做法

1 生菜洗净,沥干,撕成随意的片状;奶酪切碎。

2 鸡蛋放入沸水锅中煮熟,捞出凉凉,一切为四,成月牙状。

3 面包片去掉边,切成小块。

4 平底锅烧热,淋入几滴橄榄油,放入面包丁,中小火煎至焦黄。

5 美乃滋酱中加入盐、柠檬汁,搅匀成酱汁。

6 生菜叶铺在盘里,放入面包丁、鸡蛋,撒入奶酪碎,淋上酱汁即可。

✂ 烹饪秘籍

1 在煎面包丁时,可以加入少许蒜泥,增加蒜香味。

2 美乃滋酱也可用其他沙拉酱代替。

🔺 高颜值的秘密

凯撒沙拉流行了100年,不仅好吃,也有高颜值的加持:金黄的面包、翠绿的生菜、鲜嫩的鸡蛋,保持它们各自最好的状态,就是好看的秘诀。

凯撒沙拉名字霸气，用料也透着一股狂放不羁的味道。这道发明于19世纪20年代的沙拉，直到现在还在世界各地流行。想品尝它独特的风味，不妨自己做做看。

有时候我们把吃沙拉叫"吃草"，这道沙拉的大部分食材，还真是各种各样的"草"。经过简单造型，让"吃草"也变得仪式感十足，特别适合节庆餐桌。

生活的仪式感
花环沙拉
🕐 30分钟　🔥 简单

主料
生菜200克·苦苣200克·冰草100克
圣女果（红、黄）100克

辅料
奶酪粉20克·沙拉酱适量

⚖ 高颜值的秘密
尽量选择绿叶菜，不要压得太紧实，要营造一种蓬松感，让"花环"更逼真。另外，奶酪粉只需要薄薄一层，有"初雪"的感觉就可以，不要撒太厚了。

做法

1 生菜、苦苣、冰草、圣女果洗净，沥干。

2 生菜用手撕成细长的条状，圣女果一切为二。

🍅 营养贴士
多多的维生素和少少的热量，很适合在节日大餐上作为大菜的搭档，排毒清肠。

烹饪秘籍
用慕斯模具可以快速形成一个"花环"。

3 取一个4英寸、一个6英寸的慕斯模具，放在盘子里，形成一个"花环"。

4 在花环中放入绿叶菜，随意摆放圣女果，撤去慕斯圈。

5 薄薄撒一层奶酪粉，吃之前淋入沙拉酱即可。

2

CHAPTER

匠心当家菜，众口
不再难调

亦汤亦菜

上汤娃娃菜

🕐 25分钟　🥄 简单

主料

娃娃菜2棵（约300克）
熟咸鸭蛋1个·皮蛋1个
火腿肠50克

辅料

食用油1茶匙·盐1/2茶匙

🍲 营养贴士

娃娃菜是一种袖珍版
的大白菜，口感比大
白菜更嫩，富含B族维
生素、维生素A和维生
素C。

做法

1　娃娃菜洗净，切成细长条；
咸鸭蛋、皮蛋去壳，切小丁；
火腿肠切小丁。

2　娃娃菜整齐地码放在盘子
中，放入蒸锅，大火上汽后蒸
10分钟。

3　锅烧热，放油，烧至五成
热后，放入咸鸭蛋、皮蛋、火
腿肠翻炒一下。

4　加入一碗水（约200毫升），
大火煮沸后，加盐。

5　将汤料浇在娃娃菜上即可。

烹饪秘籍

1 使用蒸的手法，便于保持娃
娃菜的整齐造型。

2 水量以最后想要的汤汁量为
准，可以增减。

高颜值的秘密

咸鸭蛋在油中翻炒一
下，再加水煮汤，
汤会形成好看的明
黄色。

40

"上汤"是一种餐厅常见的蔬菜做法,学会之后,可以广泛运用在各类绿叶菜中。菜嫩汤鲜,就是上汤系列的精髓。

🍆 胃口不好的时候不想吃饭，不想吃菜，白粥就咸菜又担心营养不足，这时候可以来一碗田园蔬菜汤，勾人食欲又清爽不腻。

美好的田园生活
田园蔬菜汤

⏱ 15分钟　🍳 简单

主料

番茄100克·土豆50克·圆白菜50克
鲜香菇30克·洋葱20克

辅料

食用油1茶匙·盐1/2茶匙
鸡粉1/2茶匙

🥥 **营养贴士**

这道汤菜类似于罗宋汤，滋味鲜美微酸，含有丰富的碳水化合物和多种维生素、微量元素。

⚠ **高颜值的秘密**

想要获得浓郁的"茄汁色"，就要让番茄在油里慢慢煎熬，可以另外加少许番茄沙司增色。

做法

1 番茄、土豆洗净，去皮后切小块。

2 圆白菜冲洗干净，撕成小片；鲜香菇、洋葱洗净后切小丁。

3 锅烧热，放油，烧至五成热后，下洋葱、鲜香菇、番茄，中小火翻炒。

4 炒至番茄出汁后，加入土豆、圆白菜翻炒。

5 倒入两碗水（400毫升左右），大火煮3分钟。

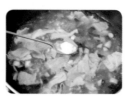

6 煮至土豆软熟后，加盐、鸡粉即可起锅。

> 烹饪秘籍

1 番茄一定要慢炒出汤汁。

2 土豆如切得比较大块，需要事先煮熟。

极简的禅意
青豆泥

🕐 30分钟 · 🌶 中等

主料

青豌豆300克 · 黄油20克

辅料

盐1/2茶匙 · 白糖20克 · 淡奶油少许

 营养贴士

豌豆含有丰富的微量元素，还有利水的功效。

🌿 娇嫩的豌豆公主，在经历了滚水、打碎、过筛后，焕发出一种别样的清新和细腻，可咸可甜。

─ 烹饪秘籍 ─

1 搅拌机搅打的豆泥有时会有颗粒，需要过筛得到细腻的豆泥。

2 豆泥的浓稠度和甜度可自行掌握。

做法

1 锅中烧开水，放入盐，倒入豌豆，焯2分钟至熟。

2 豌豆捞起后，过凉水至冷却。

3 豌豆放入搅拌机，加约80毫升的煮豌豆水，搅拌成豆泥。

4 豆泥过筛一遍。

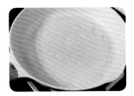

5 锅烧热，放黄油，小火烧至黄油融化。

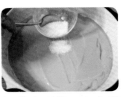

6 放入豆泥，小火翻炒，加白糖，翻炒均匀后起锅。

7 在豆泥上挤上几滴淡奶油即可。

△ 高颜值的秘密

焯豌豆的水里加盐，可以有效保护豌豆的翠绿色。最后在平滑如镜的青豆泥上随意地滴上几滴淡淡奶油，或者画一道太极弧线，都是极好的。

土豆也软萌

香煎小土豆

🕐 25分钟　　🔥 简单

主料

小土豆500克·青椒20克·红椒20克·洋葱20克

辅料

小葱2根·蒜2瓣·食用油1汤匙
盐1茶匙·白胡椒粉少许

🍚 营养贴士

土豆拥有丰富的碳水化合物，可以当主食吃，有了这道菜，米饭要减量。

做法

1 土豆洗净；青椒、红椒、洋葱洗净后切成小丁；葱洗净后切葱花；蒜切末。

2 土豆放入高压锅中，加水没过土豆，放盐入水中。

3 煮至高压锅上汽后关火，高压锅放汽后，取出土豆凉凉。

4 土豆剥皮，用刀背压一下，至土豆变成稍微扁平的形状。

5 平底锅烧热，放油，烧至五成热后改小火，放入蒜末、洋葱、青红椒煸炒出香味。

6 放入压扁的土豆，中小火慢煎。

7 煎至土豆金黄，翻至另一面煎。

8 至土豆两面都金黄，撒入少许白胡椒粉，起锅前加葱花即可。

烹饪秘籍

1 土豆不易熟，需要先用高压锅压熟，再在油锅里"历练"，才能内部软糯，外面酥香。

2 土豆压扁是为了方便煎和翻动，不要压得太过，成土豆泥。

高颜值的秘密

青红椒尽量不要省略，它们负责"点亮"这道菜，让憨厚朴实的土豆鲜亮活泼起来。

🍆田里刚挖出来的蠢萌小土豆，先煮到八成熟，然后再放平底锅里煎到焦黄。一口一个，别提多香了！小心烫嘴哦。

满城尽带黄金甲

黄金玉米烙

🕐 30分钟　🔥🔥 中等

主料

嫩玉米粒300克·土豆淀粉40克

辅料

玉米油200毫升·糖粉30克·食用油适量

🥣 **营养贴士**

嫩嫩的水果玉米，含有丰富的维生素和碳水化合物，既可以当主食，也可以当点心。这道玉米烙含油分较多，用吸油纸尽量吸掉一些。

做法

1 嫩玉米粒冲洗一下，放入水中焯熟后，捞起沥水。

2 将土豆淀粉倒入玉米粒中，搅拌均匀，使玉米粒均匀地裹上一层淀粉。

3 锅烧热，放油，烧至六成热后，倒出油备用。

4 锅内留少许底油，再次烧至五成热，倒入玉米粒。

5 将玉米粒摊开，成一薄饼状，用锅铲将玉米粒压紧实。

6 倒入之前烧热的油，中大火将玉米烙炸至金黄。

7 关火，倒出锅中的油。

8 盘子中垫一层吸油纸，将玉米烙装入盘中，撒糖粉即可。

烹饪秘籍

1 玉米粒经焯烫捞起后不要沥得太干，否则裹不上淀粉。

2 玉米粒在锅中要压紧压实，否则倒入油后会被冲散。

高颜值的秘密

玉米烙的颜值在它金黄的色泽，一定注意不要炸焦了。上桌前可以均匀切成8个扇形，更有仪式感。

金黄香脆的玉米烙，是很多人去饭店就餐的必点菜品，实际上在家也可以方便快速地制作，而且少用一点油和糖，更健康。

金风玉露一相逢
咸蛋黄焗南瓜
🕐 25分钟　🔥 简单

主料

南瓜300克 · 咸蛋黄4颗

🍚 **营养贴士**

南瓜高营养，低热量，富含胡萝卜素，外表的朴素和内涵的丰富形成鲜明的反差。

辅料

小葱1根 · 食用油200毫升 · 玉米淀粉20克

做法

1 南瓜去皮、去瓤，切成薄片；小葱洗净，切葱花。

2 南瓜均匀地裹上薄薄一层淀粉，咸蛋黄切碎。

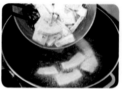

3 锅烧热，放油，烧至六成热后，放入南瓜片。

4 中火炸南瓜片3~5分钟，至两面金黄后捞出沥油。

5 倒出炸过的油，锅中留底油，放入咸蛋黄小火慢炒出沙。

6 放入南瓜翻炒，使南瓜片均匀地裹上蛋黄。

7 撒葱花即可出锅。

⟩ 烹饪秘籍

尽量选用青南瓜，老南瓜会很甜且粉糯，与咸蛋黄的口感不搭。

△ 高颜值的秘密

金黄的咸蛋黄均匀地裹在金黄的南瓜上，就是这道菜高颜值的保证。注意，一是炸南瓜片的油温不要太高，以免南瓜炸焦；二是咸蛋黄在油里慢炒成沙，才能均匀裹在南瓜上。

咸蛋黄，青南瓜，这两样貌似没有联系的食材，是哪个天才想到把它们两个凑在一起的？碰撞出了这么亮眼的火花。

星星点灯
秋葵煎鸡蛋

🕐 15分钟　　🔥 简单

主料

秋葵80克
鸡蛋3个（约150克）

辅料

食用油1汤匙·盐1/2茶匙
白胡椒粉1/2茶匙

🍲 营养贴士
秋葵中含有丰富的膳食纤维，有润肠通便的作用。

做法

1　秋葵洗净，去掉头尾；鸡蛋磕入碗中，搅打均匀。

2　秋葵放入滚水中焯半分钟，捞起冲冷水。

3　将秋葵横切成星星状的薄片。

4　秋葵和蛋液混合，放入盐、白胡椒粉，搅拌均匀。

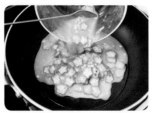

5　锅烧热，放油，烧至六成热后，倒入秋葵蛋液。

6　中小火煎至蛋液凝固即可起锅。

╱ 烹饪秘籍 ╲

如不喜欢秋葵的黏液，可以切开再焯。

△ 高颜值的秘密

秋葵不要在水中焯太久，以免颜色变黄。秋葵和鸡蛋的比例以秋葵少鸡蛋多为好，避免秋葵密密麻麻，反而不美。

秋葵又名羊角豆，是近些年流行的"网红"蔬菜。吃起来润滑又脆嫩，但也有人不爱它的"黏黏糊糊"。试试这种与鸡蛋的搭配，好吃又有趣。

人人都会的"国民菜"

番茄炒蛋

🕐 20分钟 🌶 简单

主料

番茄2个（约120克）
鸡蛋3个（约150克）

辅料

食用油1汤匙·盐1/2茶匙
番茄沙司1汤匙

🍅 营养贴士

如果一辈子只能选一道菜，你会选什么？很多人选番茄炒蛋。从营养上说，番茄负责提供维生素，鸡蛋负责补充蛋白质，再配上一碗米饭，确实可以吃一辈子了。

做法

1 番茄洗净、去皮，切滚刀块。

2 鸡蛋敲开、打散，搅拌成均匀的蛋液。

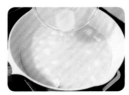

3 锅烧热，放半汤匙油，烧至七成热后，倒入蛋液。

4 大火煎炒蛋液至凝固，关火，盛出鸡蛋。

5 锅中放另外半汤匙油，烧至五成热后，倒入番茄。

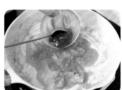

6 番茄翻炒至出汁，倒入番茄沙司。

7 倒入鸡蛋，翻炒均匀，加盐后起锅。

烹饪秘籍

1 加番茄沙司可增加风味，使整道菜含有一点汤汁，不会太干。

2 可以在起锅前加1茶匙白糖提鲜。

高颜值的秘密

番茄炒出汁，鸡蛋呈现金黄的块状，却又融入在茄汁中，红黄相间，交相辉映。

番茄炒蛋是很多人学会的第一道菜。先炒蛋还是先炒番茄，放不放糖，曾经成为网络论战的主题，可见这是一道多么深入人心的菜了。可以试试各种做法，找出自己最爱的那一种。

蟹黄豆腐是江南一带秋天的时令菜,用大闸蟹剥出蟹黄蟹粉,和嫩豆腐慢煮入味。因为螃蟹有时令限制,我们选用咸蛋黄来代替蟹黄,制作这道不是蟹黄却有另一番韵味的"蟹黄豆腐"。

别有韵味
蟹黄豆腐
⏱ 15分钟　🥄 简单

主料
嫩豆腐1盒·生咸蛋黄4颗
嫩豌豆20克

辅料
食用油1汤匙·盐2克·鸡粉1茶匙

🍲 **营养贴士**
豆腐是最常见的豆制品,是高蛋白、低脂肪的养生食品,老幼皆宜。

做法

1 嫩豆腐从盒中取出,切小方块状,咸蛋黄切碎。

2 锅烧热,放油,烧至五成热时,放入咸蛋黄。

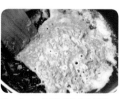

3 中小火炒香咸蛋黄,炒至蛋黄成沙状。

✍ 高颜值的秘密
豆腐要切成均匀的方块状,下锅后不要大力翻动,以免翻碎。

4 下豆腐、嫩豌豆,用铲子轻轻推动,至豆腐和蛋黄融合。

5 加盐、鸡粉,调匀即可起锅。

烹饪秘籍
咸蛋黄已有盐分,如咸味够了可不用加盐。

美容养颜
芦笋百合

🕐 10分钟　　🥄 简单

主料

芦笋200克·百合1头（约20克）

辅料

玉米油1茶匙·盐1/2茶匙
鸡粉1/2茶匙

嫩嫩的芦笋，微甜的百合，简单搭配起来，就是一道清爽可口的小菜。特别适合用在家宴中，作为大鱼大肉的"绿叶"，一扫油腻之感。

🍵 **营养贴士**

百合有润肺止咳、宁心安神的作用，一般用来煲甜汤喝，口感粉糯。这里搭配低热量、高膳食纤维的芦笋，成为一道美容菜。

做法

1 芦笋洗净，切去老根部分，斜切成段。

2 百合冲洗掉泥沙，剥成一片片。

3 锅烧热，放油，烧至五成热时，下芦笋翻炒。

4 芦笋炒1分钟，下百合，翻炒半分钟左右，加盐、鸡粉起锅。

⚠️ **高颜值的秘密**

芦笋非常脆嫩，在锅里不要久炒，以免颜色变黄。

烹饪秘籍

百合最好选择可生吃的兰州甜百合。

葱油金针菇

🕐 10分钟　　🔥 简单

主料

金针菇200克·小葱30克

辅料

食用油2汤匙·盐1/2茶匙
生抽1茶匙·鸡粉1茶匙

🍵 营养贴士

金针菇味道鲜嫩爽滑，含有丰富的膳食纤维，可以助消化。

做法

1　金针菇切去老根，洗净，整齐地码在盘子中。

2　小葱洗净，切葱花。

3　蒸锅烧至上汽，放入金针菇，大火蒸5分钟。

4　取出金针菇，倒掉多余的水分。

5　另取炒锅烧热，放油，烧至五成热后放入葱花，炒出香味。

6　倒入盐、生抽、鸡粉，加约1汤匙水，成为葱油酱汁。

7　将葱油酱汁淋在金针菇上即成。

╱ 烹饪秘籍 ╱

1 这道菜需要稍多点的油激发出葱香，家里如有猪油，可以加一点点进去增添香味。

2 葱花在油锅里煎炸的时候，需要注意火候，不要炸焦。

╱ 高颜值的秘密 ╱

小葱切细，青翠碧绿，一看就令人胃口大开。

这道菜只有两种食材：金针菇和葱，两种颜色：白和绿，做起来干脆利落，不到10分钟，端上来香气扑鼻，一般不到2分钟就会被一扫而空。

🌶 这是一道特别快手的清爽素菜，脆脆的莴笋，鲜美的蟹味菇，没有肉也超好吃，老少皆宜。

清爽青翠

莴笋蟹味菇

🕐 10分钟 · 🔥 简单

主料

莴笋200克 · 蟹味菇60克
枸杞子10克

辅料

食用油1汤匙 · 盐1/2茶匙
鸡粉1/2茶匙

🍲 营养贴士

莴笋有清肝火的作用，还可助血糖稳定。需要注意的是，莴笋叶的维生素含量比茎更高，不要丢掉了。

做法

1 莴笋洗净，去除外部的硬皮，切成细条。

2 蟹味菇择掉老根，洗净。

3 锅里放油，烧至六成热，放入莴笋和蟹味菇。

✂: 高颜值的秘密

莴笋要切成均匀的细长条，方便在保持青翠的前提下快速炒熟。如没有枸杞子，可以用一个小红椒切成圈来代替。

4 翻炒2分钟左右，淋入2汤匙水。

5 加盐、鸡粉，炒匀即可起锅，最后在盘中撒几颗枸杞子点缀。

烹饪秘籍

这个菜也可以不用下锅炒，直接在滚水中焯熟，凉凉后加盐拌匀即可。

菌菇开会

菌菇豆腐汤

🕐 15分钟　　🥄 简单

简简单单的菌菇、豆腐、鸡蛋，搭配在一起就成了一碗赏心悦目的家常好汤。而且非常快手，只需一刻钟就能出锅。

主料

嫩豆腐1盒（约200克）· 白玉菇50克
蟹味菇50克 · 鸡蛋1个（约50克）
午餐肉30克

辅料

小葱1根 · 食用油1汤匙 · 盐1/2茶匙
鸡粉1/2茶匙

🍲 **营养贴士**

菌菇是一年四季都适合的营养食材，蛋白质、维生素D、多种微量元素含量高，做成汤，既味道鲜美，又容易消化。

做法

1 豆腐取出，用刀划成均匀的块状；菇类洗净后切段；小葱洗净，切葱花。

2 午餐肉切成均匀的小方块；鸡蛋磕入碗中，搅打均匀。

3 锅烧热，放油，烧至五成热后，放入菇类翻炒1分钟。

4 倒入1000毫升左右的水，大火烧开后，下豆腐、午餐肉。

5 汤煮沸后，淋入蛋液，用铲子轻推一下。

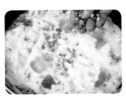

6 汤再次沸腾后，下盐、鸡粉，撒葱花即可出锅。

〜 **烹饪秘籍** 〜

1 菇类可以换成其他喜欢的种类，但必须是新鲜的菌菇。

2 用高汤代替水，汤会更鲜美。

〜 **高颜值的秘密** 〜

蛋液要搅拌均匀，并以圆圈状淋入锅中，稍等片刻后再推动一下，才能得到大朵美丽的蛋花。

豆腐有内涵
番茄豆腐煲
🕐 25分钟　　🌶 简单

主料

番茄120克（约2只）· 豆腐300克
茭白30克 · 猪五花肉30克

辅料

小葱2根 · 食用油1汤匙
盐1茶匙 · 蚝油1茶匙

🍚 营养贴士

番茄含有丰富的维生
素，常吃可以令肌肤
红润水亮；豆腐是很
好的植物蛋白来源，
这两者结合，成就一
道简单家常的"营养
炸弹"。

做法

1 番茄洗净，顶部切
十字刀，放入滚开的开
水锅中烫20秒左右，捞
出，剥去皮，切滚刀块。

2 豆腐冲洗一下，切厚
片；五花肉切薄片。

3 茭白、小葱洗净，茭
白切菱形薄片，葱切段。

4 锅放半汤匙油，烧至
五成热，下五花肉煎至
肥肉部分出油后盛出。

5 下豆腐，中火煎至两
面金黄后取出。

6 锅里再放另半汤匙
油，烧至五成热，下番
茄，中小火煸炒至出汁。

7 放入五花肉、豆腐、
茭白，加蚝油。

8 倒入一小碗水，大火
焖煮2分钟。

9 加盐调味，撒入葱段
后起锅。

⟩ 烹饪秘籍 ⟨

1 加入五花肉可以增加肉的丰
　腴滋味，如需要素食，可以
　不用。
2 番茄需要慢熬出红色的茄汁。
3 要选用老豆腐，不能是一碰
　即碎的嫩豆腐。

△ 高颜值的秘密

豆腐尽量切得厚薄均
匀且方方正正，小心
翻动以免碰碎。

平平常常的豆腐，因为满满地吸收了番茄的酸甜滋味，变得很有"内涵"。不试试怎么会知道，一道简单的豆腐煲也能这么美味。

ANN LIVING

🥢腌笃鲜是一道流行于江南的春季时令美食。冬天制作的咸肉，春天破土而出的春笋，激发出浓浓的鲜美滋味。江浙沪一带常用"鲜掉眉毛"来形容这道汤。

鲜到飞起

腌笃鲜

🕐70分钟　🔥简单

主料

咸肉150克·猪后腿肉150克
春笋120克·百叶结100克

辅料

小葱2根·姜10克·料酒1汤匙
盐1/2茶匙

👄 高颜值的秘密

乳白色的浓汤，老远就能闻到扑鼻的鲜香味道。在煮汤的时候需要耐心撇去浮沫，否则成品会不够清澈干净。

🍲 营养贴士

猪肉是常见的肉类食材，是老百姓主要的蛋白质来源，但吃多了难免觉得腻，配合时令的春笋，增加膳食纤维，可解腻促消化。

做法

1 咸肉冲洗一下，浸泡在水中1小时左右，去除多余的盐分。

2 猪肉洗净后切小块；春笋去壳、去老茎，切滚刀块；小葱洗净，挽成葱结；姜切片。

3 锅中烧沸水，下春笋焯1分钟，捞起。

4 砂锅内加水，放入咸肉、鲜肉、春笋、百叶结、姜片、葱结、料酒，大火煮。

5 煮沸后撇去浮沫，改中小火慢炖1小时以上。

6 去掉葱、姜，加盐调味，即可连砂锅上桌。

> 烹饪秘籍

1 如咸味足够，可不加盐。

2 猪后腿肉可用肋排代替。

万绿丛中一点红

空心菜梗炒肉末

🕐 10分钟　　🔥 简单

🍆 空心菜菜如其名，拥有一大截空心的菜梗，专门取这段"吸管"部分，来做一道碧绿爽脆的快手好菜。

主料

空心菜梗200克·猪肉末30克

辅料

蒜1瓣·食用油1汤匙·盐1/2茶匙
料酒1汤匙

🥥 **营养贴士**

空心菜又叫蕹菜，有清热解毒的作用，其丰富的膳食纤维可以润肠通便。

做法

1 空心菜梗洗净，切成均匀的小段，蒜切末。

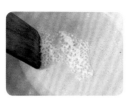

2 锅烧热，放油，烧至五成热后，放入蒜末爆香。

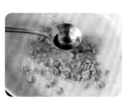

3 肉末下锅，中小火煸炒，淋入料酒。

4 炒至肉末水分收干。

5 倒入空心菜梗，大火翻炒3分钟左右。

6 加盐即可起锅。

— 烹饪秘籍 —

1 肉末在锅里翻炒至干而松散，不能太湿润。

2 空心菜梗在锅里始终处于大火快炒状态，不能加水。

△ 高颜值的秘密

空心菜梗一定要切得够短、够均匀，火要够旺，炒的速度要够快，才能保持成品翠绿，菜梗爽脆不软。

琼珠碎玉
火腿蚕豆
⏱ 20分钟　🔥 简单

主料

蚕豆300克·金华火腿30克

辅料

食用油1汤匙·盐2克
白糖1茶匙

🍜 营养贴士

蚕豆是一种高蛋白的
豆类，是非常好的植
物蛋白来源。但部分
人群食用蚕豆后会引
发"蚕豆病"，即导致
溶血性贫血，多发于
男童，需要注意。

做法

1　蚕豆洗净，剥出蚕豆仁备用；火腿切小丁。

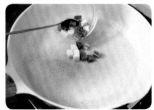

2　锅烧热，放入食用油，烧至六成热后下火腿丁。

3　煸炒至火腿丁的肥肉部分变透明。

4　下蚕豆仁，翻炒3分钟左右。

5　倒入1汤匙水，下盐、白糖调味，翻炒均匀后起锅。

〉 烹饪秘籍

腌制火腿味道鲜美又醇香，十分适合用来作为蔬菜的配菜，放少许就能提鲜增味。火腿经过腌制，含有较多盐分，在加盐前先尝试，如咸味够了可不加盐。

⚠ 高颜值的秘密

选用新鲜的蚕豆，用刚刚剥壳后的蚕豆仁制作这道菜，翻炒过程中水不要加多，快速起锅，可保证鲜嫩翠绿的颜色。

春天新上市的蚕豆青翠甜嫩，加上鲜香的火腿，组成一幅赏心悦目的春天美馔图。

一大口，好满足

肉末酿香菇

🕐 30分钟　🔥 简单

主料

猪肉末150克·鲜香菇12朵

辅料

小葱1根·食用油1汤匙·料酒1汤匙·盐1/2茶匙
生抽1汤匙·蚝油1汤匙·淀粉10克

🍲 营养贴士

香菇是一种高蛋白、
低脂肪的常见食用
菌，常吃可以提高免
疫力，搭配肉末，可
作为家常餐桌的主菜。

做法

1　香菇洗净，将香菇蒂
掰下，切成碎末，香菇
伞留用。小葱洗净，切
葱花。

2　肉末中加入料酒、
生抽、盐和切碎的香菇
蒂，往一个方向搅打成
均匀的肉馅。

3　将搅拌好的肉馅均匀
地分成12份，填进香菇
伞中，即成香菇酿。

4　平底锅烧热，放油，
烧至五成热后，将肉馅
朝下放入香菇酿，中火
煎3分钟。

5　至肉馅颜色变焦黄，
取出香菇酿，整齐地排
列在盘子中。

6　入蒸锅，大火上汽后
蒸10分钟。

7　锅中烧沸1小碗水，
放入蚝油、淀粉、葱
花，搅匀成芡汁。

8　将芡汁浇在蒸好的香
菇酿上即可。

烹饪秘籍

1 肉馅中也可适当加入藕丁、
荸荠等爽脆类食材，丰富口
感，但需要切得很碎。
2 蒸好的香菇酿盘子中可能出
很多汤汁，可以用汤汁勾芡。

高颜值的秘密

选用大朵、伞形饱满
的鲜香菇，最后勾
一层薄薄而诱人的芡
汁，让人一看就食指
大动。

在一种素菜里面包裹上肉馅的做法，常常被称为"酿"。滑嫩爽口的香菇，搭配鲜香多汁的肉馅，一个个圆鼓鼓的，仿佛在说：快来吃我吧。

酸甜入骨

糖醋排骨

🕐 45分钟　🍖🍖 中等

主料

猪仔排400克

辅料

食用油1汤匙·冰糖30克·料酒1汤匙·香醋4汤匙
生抽2汤匙·熟白芝麻适量

🍜 营养贴士

糖醋排骨不仅富含蛋白质，更妙的是它的
酸甜口感让人食欲大开，有助于营养的摄
入和吸收。

做法

1 仔排洗净，冷水入
锅，至水沸后捞起，冲
洗浮沫，沥干水。

2 料酒、香醋、生抽混
合成均匀的料汁。

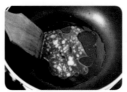

3 锅烧热，放油，烧至
六成热后改小火，放冰
糖小火炒出糖色。

4 下仔排，中火煎炒至
两面焦黄。

5 倒入料汁，翻动排
骨，使排骨均匀地裹上
料汁。

6 倒入热水，至基本没
过排骨，中小火慢炖半
小时左右。

7 至汤汁变浓稠，大火
收汁，起锅后撒熟白芝
麻即可。

烹饪秘籍

1 焖煮排骨一定要加热水，加
冷水会使肉收缩变硬。

2 最后收汁时注意翻动，以免
煳锅。

高颜值的秘密

冰糖炒出的糖色特别
晶莹透亮。排骨尽量
选用大小均匀的仔排
或者肋排制作，成菜
造型更好。

糖醋排骨是很多人从小吃到大的心头至爱，在食堂菜中也极受欢迎，可以说无人不爱。糖醋排骨各家有不同的做法，总的来说，排骨酥烂，酸甜得当，就是一盘优秀的糖醋排骨。

下饭神器

红烧肉

🕐 60分钟　🔥🔥 中等

主料

带皮猪五花肉500克

辅料

小葱2根・姜10克・食用油1汤匙・黄冰糖30克
生抽2汤匙・料酒2汤匙・老抽1汤匙

🍎 营养贴士

红烧肉最好选用带皮的五花肉来制作，小
火慢炖，肉皮弹牙，胶质满满。

做法

1 五花肉洗净，切成均
匀的小块，冷水入锅，
至水沸后捞起，冲洗浮
沫，沥干水。

2 小葱洗净后切段，姜
切片，黄冰糖敲碎。

3 锅烧热，放油，烧至
六成热后，下姜片、葱
段爆香。

4 下五花肉煸炒至肉香
味飘出。

5 陆续倒入料酒、生
抽、老抽，放入冰糖，
翻炒均匀。

6 倒入没过肉的温水，
大火烧开后，转小火慢
炖30~40分钟。

7 大火收汁，起锅。

── 烹饪秘籍 ──

1 收汤汁时注意观察火候，以
免煳锅。

2 如采用冰糖炒糖色的手法，
可以省略或减少老抽的用量。

🔺 高颜值的秘密

这道红烧肉的高颜值
来自于诱人的酱色，
浓油赤酱，最是诱惑。

每个人心中都有一盘心爱的红烧肉，有的人喜欢肥的多，有的人喜欢瘦的多，有的人喜欢酱油色，有的人喜欢亮红色……不过每个人对红烧肉都有一个共同的要求：汤汁不要收干，我要配一大碗米饭！

大口吃肉
煎烧五花肉
⏱20分钟　🔥简单

主料

猪五花肉400克·生菜叶适量

辅料

食用油1汤匙
细盐1/2茶匙·酸梅酱适量

🍚 营养贴士

五花肉包生菜吃为什么那么风靡？不仅是吃起来过瘾，而且荤素搭配、营养均衡，蛋白质、脂肪、维生素都有了。

做法

1 五花肉洗净，切成均匀的薄片；生菜用纯净水冲洗，撕成小片。

2 平底锅烧热，刷薄薄一层油，烧至五成热后，下五花肉煎。

3 煎至五花肉肥油冒出，改小火，继续煎至表面焦黄。

4 翻至另一面煎至焦黄，撒细盐。

5 蘸酸梅酱，用生菜叶包起来吃。

> 烹饪秘籍

1 五花肉可以放入冰箱冷冻至半硬后再切，可以切得既薄又均匀。

2 煎五花肉要每片贴在锅上煎，不能盖在一起。

> 高颜值的秘密

五花肉选用瘦三肥二的，在锅里煎到焦黄，再配以青白的生菜，简直是食物的"色诱术"。

看韩剧的时候，最馋人的情节莫过于吃烤肉，一片片五花肉烤得滋滋冒油，烤到两面焦黄后，用生菜包起来送到嘴里……下次再深夜看到吃肉情节，请麻利地站起来去给自己做一份煎烧五花肉吧，一点都不难。

一口一口停不下

毛豆鸡丁

🕐 30分钟　🔥 简单

主料

嫩鸡半只（300克左右）· 毛豆仁150克 · 茭白50克

辅料

食用油适量 · 小红椒20克 · 小米辣20克 · 小葱2根
蒜1瓣 · 姜10克 · 料酒1汤匙 · 生抽1汤匙 · 盐1茶匙

🍚 营养贴士

鸡肉是非常优秀的低
脂肪、高蛋白的食
材，这里选用鲜活的
嫩鸡，而不是冷冻的
鸡肉，营养更胜一筹。

做法

1 鸡冲洗干净，剁成均
匀的丁状。

2 毛豆仁洗净，茭白洗
净后切丁。

3 小红椒切小圈，小
葱洗净、切葱花，蒜切
末，姜切丁。

4 锅烧热，放油，烧至
六成热后，放入姜片、
蒜末爆香。

5 放入鸡丁，大火爆炒
3分钟至鸡肉收缩，沿锅
边淋入料酒、生抽。

6 放入毛豆仁、茭白、
小红椒、小米辣，继续
炒2分钟。

7 倒入一小碗水（150
毫升左右），大火焖煮。

8 煮至汤汁收干，加
盐、葱花起锅。

◁ 烹饪秘籍 ▷

1 如喜欢软糯型的毛豆，可以
　在下锅炒前先沸水焯2分钟。

2 吃不了辣的可以少放或不放
　小米辣。

◁ 高颜值的秘密 ▷

鸡肉、茭白、毛豆、
姜、小红椒，大小
均匀，红、绿、黄、
白，颜色丰富多彩，
让人一看到就胃口
大开。

夏天经常会没有胃口，此时需要来一道毛豆鸡丁。新摘的毛豆剥出豆仁，嫩嫩的小公鸡斩成鸡丁，大火爆炒，再加几个小米辣，吃起来酣畅淋漓。

一试就成功

可乐鸡翅

🕐 40分钟　🥄 简单

主料

鸡翅中8~10个·可乐1听（约300毫升）

辅料

姜20克·小葱2根·食用油1汤匙
盐1茶匙·料酒2汤匙

做法

1　鸡翅中洗净后划两刀，加1汤匙料酒腌制10分钟。

2　姜切姜片，小葱洗净后切葱花。

3　锅烧热，放油，烧至六成热后，放入姜片爆香。

4　放入鸡翅，中火煎至一面金黄。

5　翻面煎至两面金黄，淋入另外1汤匙料酒。

6　倒入可乐，大火焖煮。

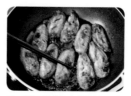

7　煮至汤汁变浓稠，翻动一下使鸡翅裹上均匀的酱色。

8　加盐，撒葱花即可起锅。

烹饪秘籍

1 大火煮鸡翅过程中，汤汁变浓稠后，要注意勤翻动，以免糊锅。

2 可乐已有充足的糖分，千万不要再加糖了。

高颜值的秘密

可乐代替水煮鸡翅，给鸡翅蒙上了一层"酱红色"的诱人"滤镜"，如能吃辣，可以另外加几个小红椒，增加一丝活泼色彩。

可乐鸡翅据说最先风靡于留学圈，国外的学子们用两样极为常见的食材——鸡翅和可乐，创造出了一道"出口转内销"的热门菜。话说发明这道菜的人，是不是在烧鸡翅的时候不小心把可乐打翻在了锅里？

当红不让

辣子鸡

🕐 45分钟（不含腌制时间）　🌶🌶中等

主料

小公鸡1只（约500克）

辅料

干辣椒100克·花椒10克·盐2茶匙
食用油300毫升·白糖10克·料酒1汤匙
姜10克·大葱20克·熟白芝麻适量

🍲 营养贴士

干香火辣的鸡肉丁，
让你吃到停不下来，
不知不觉中补充了
大量的优质蛋白质。

做法

1　小公鸡收拾干净后，
斩成均匀的小丁，姜、
大葱切片。

2　用盐、料酒将鸡肉丁
腌制1小时以上。

3　锅烧热，放油，烧至
六成热后，下鸡丁炸至
金黄，捞出沥油。

4　锅中留底油，下姜、
大葱爆香。

5　改小火，下干辣椒、
花椒，小火炒出香味。

6　倒入鸡丁，翻炒3分
钟左右，使鸡丁和辣
椒、花椒充分融合。

7　放白糖，撒白芝麻后
起锅。

╲ 烹饪秘籍 ╱

1 鸡丁不要炸太久，以
免肉收缩变柴。
2 炒干辣椒的火必须为
小火，以免炒焦。

╱ 高颜值的秘密 ╲

小小的鸡肉丁淹没在
辣椒的海洋里，但是
这份火红，就足够抓
人眼球了。

吃辣子鸡的乐趣，吃过的人都有体会。在辣椒堆里找鸡肉吃，鸡肉小小一块，却筋道十足，一边喊辣，一边继续找肉吃，这是有辣子鸡的餐桌上常见的情景。

柠檬煎软鸡

⏱ 30分钟（不含腌制时间） 🍐 简单

主料

鸡腿肉300克·柠檬1个

辅料

鸡蛋1个（约50克）·食用油1汤匙·盐1/2茶匙
白糖2茶匙·淀粉20克

🍚 营养贴士

鸡腿肉低脂肪、高蛋白，柠檬清香酸爽，促进食欲，丰富的维生素C有美白皮肤的作用。

做法

1 鸡腿肉去皮，用刀背拍松后，放入盐，腌制半小时以上。

2 柠檬切开，用半个挤出柠檬汁备用，另半个切薄片。

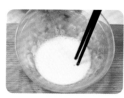

3 鸡蛋磕入碗中，和15克淀粉搅拌均匀成面糊。

4 腌制好的鸡腿肉挂上一层面糊。

5 平底锅烧热，放油，烧至五成热后，放入鸡腿肉中火煎。

6 煎至金黄后翻面，继续煎10分钟以上至熟。

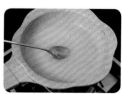

7 另起一锅，倒入约100毫升水烧沸，放入柠檬汁、白糖、5克淀粉，搅拌均匀成芡汁。

8 将芡汁淋入煎好的鸡腿肉，旁边放柠檬片点缀即可。

╱ 烹饪秘籍 ╲

1 也可用整片的鸡胸肉制作，但鸡腿肉更嫩，肉下锅前需要拍松。

2 鸡蛋面糊以能挂住鸡肉为宜，不能太稀或太稠。

⚠ 高颜值的秘密

这道煎出来的鸡排也有类似炸鸡排一样黄澄澄的明亮颜色，旁边配上新鲜柠檬片，清新得像阳光照进厨房。

这道煎鸡腿肉吃起来外酥里嫩，回味酸酸甜甜，像是炸鸡排和咕咾肉的复合版，吃起来很有趣，特别适合喜欢酸甜口味的小朋友们。

打翻了调色盘
彩蔬牛肉粒
🕐 20分钟　🥄 简单

主料

牛肉200克·杏鲍菇50克
芦笋50克·红椒30克
黄椒30克

辅料

食用油1汤匙
料酒1汤匙·淀粉10克
生抽1汤匙·盐1/2茶匙
白糖1/2茶匙

🍚 营养贴士

牛肉负责补充蛋白质，芦笋负责提供膳食纤维，杏鲍菇和红黄椒负责输送多种维生素，一盘彩蔬牛肉粒，就是一个小型的"营养仓库"。

做法

1 牛肉洗净后，切成小丁，用淀粉、半汤匙料酒，抓匀略腌。

2 杏鲍菇、红椒、黄椒洗净后，切成小丁，芦笋冲洗干净，去除老根后切短段。

3 锅烧热，放油，烧至六成热后，下牛肉丁快速滑炒。

4 淋入生抽、另外半汤匙料酒，炒至牛肉变白后，盛出。

5 锅中下杏鲍菇、红椒、黄椒翻炒3分钟。

6 倒入牛肉丁、芦笋，翻炒半分钟左右后，加盐、白糖起锅。

〉 烹饪秘籍 〈

1 如给成人吃，可以放适量红椒、小米辣或黑胡椒。

2 牛肉切丝或丁，在较多的油里快速滑炒，以保证软嫩口感。

🔺 高颜值的秘密

这道炒牛肉里需要红红绿绿的多种食材，其中红椒可以用胡萝卜代替，芦笋可以用青椒代替，黄椒可以用玉米粒代替。

🍆 很多小朋友爱吃肉不爱吃蔬菜，这就需要把蔬菜做得好看并沾上肉味，最好是肉和蔬菜一起，才能让宝宝一勺一勺往嘴里送。

我的肥牛分你一半
酸汤肥牛

🕑 25分钟　🌶 简单

主料

肥牛250克·金针菇150克·番茄2个（约120克）

辅料

食用油1汤匙·盐1/2茶匙·姜10克·蒜2瓣
青尖椒3个·红尖椒5个·小米辣30克
料酒1汤匙·白糖1茶匙

🍵 营养贴士

肥牛卷薄如蝉翼，一
烫即熟，含有脂肪和
蛋白质，特别适合秋
冬季节食用，做成酸
汤口味，增强食欲。

做法

1 肥牛提前从冰箱拿
出解冻；金针菇冲洗干
净，去掉老根；番茄切
滚刀块。

2 青红尖椒洗净，切小
圈；小米辣切碎；姜切
片；蒜切末。

3 锅中烧沸水，下金针
菇焯1分钟至熟后，捞起
沥水，放入大碗中。

4 锅烧热，放油，烧至
五成热后，下姜、蒜、
小米辣炒香。

5 下番茄块，改中小火
煸炒至出汁。

6 倒入约500毫升水，
大火烧沸。

7 下肥牛片，放入料
酒、盐、白糖，大火再
次煮沸。

8 肥牛片煮熟后，撒入
青红椒圈，起锅，倒在
金针菇上即可。

⌐ 烹饪秘籍 ¬

1 酸而鲜的口味来自于番茄煸
炒出来的酸汤，辣来自小米
辣，也可以用海南黄灯笼辣
酱和白醋做出酸辣口味。

2 辣度可根据个人口味增减小
米辣的多少。

⌐ 高颜值的秘密 ¬

番茄煸炒出"红
油"，和小米辣一起
煮沸，红红火火，亮
堂堂的，占据了餐桌
上的C位。

冬天的晚餐，最爱的就是酸汤肥牛这样有肉有菜一锅端的，热乎滚烫，又酸又辣，一家人围坐，吃得不亦乐乎。

平常家里牛肉做得少，还常常容易一不小心就炒老了。这里教你怎么炒出嫩嫩的牛肉丝，就像炖出嫩嫩的蛋羹一样，一旦掌握了，就再也不会忘记。

活色生香

青椒牛肉丝

🕐 20分钟　　🔥 简单

主料

牛里脊200克·青椒60克
洋葱30克·姜20克

辅料

食用油1汤匙·淀粉10克
料酒1汤匙·生抽1汤匙·盐1/2茶匙

🥣 **营养贴士**

牛肉是常见的肉类食材，有补气血、健脾胃的作用，吃了长身体、长力气。

— 烹饪秘籍 —

1 牛肉丝先裹上薄薄一层淀粉，再大火快炒，可以保持嫩嫩的口感。

2 牛肉如有筋膜需要剔除。

做法

1 牛里脊洗净后切成细丝，用淀粉、半汤匙料酒，抓匀略腌。

2 青椒、洋葱、姜洗净，切成细丝。

3 锅烧热，放油，烧至六成热后，下牛肉丝快速滑炒。

4 淋入生抽、另外半汤匙料酒，炒至牛肉丝变白后，盛出。

5 锅里留底油，下姜丝、洋葱爆香。

6 倒入牛肉丝、青椒丝。

7 大火快速翻炒1分钟，加盐后即可起锅。

⚐ 高颜值的秘密

牛肉丝经过淀粉抓匀腌制，在最后成菜时营造出一种类似勾芡的效果，让整道菜更滑润光亮。如觉得不够，可再勾薄薄一层芡汁。

大地赐予的春天美味

干贝草头

🕐 50分钟　🔥 简单

主料

草头500克·干贝5颗

辅料

食用油1汤匙·盐1/2茶匙
白酒1茶匙·白糖1茶匙

🍚 **营养贴士**

草头是苜蓿的俗称，在江南一带的春天田野里非常常见。草头含有丰富的维生素K，有很好的止血效果。

╴烹饪秘籍╶

1 放少许白酒可以增香，也可不用。

2 草头可能夹杂老根、泥土，需要仔细择净。

3 泡发干贝的水特别鲜，千万不要倒掉。

🍚 小时候，每到春天，外婆会从地里采一筐草头，炒熟，起锅前加几颗猪油渣，又香又嫩，每次都吃到光盘。这次我们用了好看又好吃的干贝，鲜美加倍。

做法

1 干贝冲洗一下，去除泥沙，放入小碗中，加约50毫升水。

2 将干贝连同水一起上锅，大火蒸30分钟左右。

3 干贝蒸好、凉凉后，撕成干贝丝，蒸干贝的水留用。

4 草头洗净，沥干水。锅中放油，大火烧至七成热，下草头翻炒。

5 沿锅边淋入白酒。

6 炒至草头变软，倒入蒸干贝的水，加盐、白糖即可起锅。

7 装盘后在草头上撒上干贝丝。

△ **高颜值的秘密**

草头下锅后要旺火快速翻炒，不要盖锅盖焖，以免翠绿色流失。

开口笑
蛤蜊蒸蛋

🕐 20分钟　　🔥 简单

主料
鸡蛋2个（约100克）· 蛤蜊8~10只

辅料
小葱1根 · 盐2克 · 生抽1茶匙

营养贴士

鸡蛋是一种"完美食物"，含有丰富的蛋白质、卵磷脂和多种微量元素；蛤蜊含有丰富的钙质，这两样搭配，营养更丰富。

做法

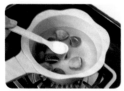
1 蛤蜊冲洗干净后，放入锅中，加盐，煮至蛤蜊开口。

2 鸡蛋敲入碗中，往一个方向搅打至蛋液均匀。

3 小葱洗净后切葱花。

4 取煮蛤蜊的水过滤并凉凉，水量约为蛋液的1.5倍。

5 将煮蛤蜊的水倒入蛋液，搅匀后，过滤掉泡沫。

6 放入蛤蜊，排列整齐，盖上保鲜膜。

7 蒸锅煮至上汽，放入蛋液，大火蒸15分钟左右。

8 取出蛤蜊蒸蛋，倒入生抽，撒葱花即可上桌。

烹饪秘籍
1 蛤蜊买回来后，先在水中养半天，以吐净泥沙。
2 用煮蛤蜊的水蒸蛋液，更鲜美。

高颜值的秘密
蛤蜊煮至微开口就可以，不要煮过头使蛤蜊肉掉落；另外蛤蜊一定要排列整齐。

蒸蛋羹是许多人的童年美食，鲜美滑嫩的蛋羹已经很好吃了，再加上咧嘴笑的蛤蜊，一端上餐桌就引人注目。

吃鱼不吐刺

剁椒银鱼炒蛋

🕐 20分钟　🔥 简单

主料

银鱼100克
鸡蛋3个（约150克）
剁椒10克

辅料

小葱1根·食用油1汤匙
料酒1茶匙·盐1/2茶匙

🍚 **营养贴士**

银鱼的蛋白质含量非常高，高钙质、低脂肪，也可以做成银鱼蒸蛋，给幼童食用。

做法

1 银鱼冲洗一下，沥干水，小葱洗净，切葱花。

2 鸡蛋打散，搅匀成蛋液。

3 在蛋液中放入银鱼、剁椒、盐、料酒，搅拌均匀。

4 锅烧热，放油，烧至五成热时，倒入银鱼蛋液。

5 中火煎至蛋液半凝固，翻炒半分钟左右。

6 炒至鸡蛋蓬松，撒葱花即可出锅。

— 烹饪秘籍 —

1 银鱼和鸡蛋也可以分开炒至八成熟后，再一起翻炒。
2 如有小朋友不能吃辣，可以省略剁椒。

△ 高颜值的秘密

银鱼和鸡蛋，一个白，一个淡黄，需要加点剁椒和小葱来提亮颜色，只需要一点就足够。

银鱼一般生长于淡水湖中，通身雪白柔软，
没有鱼刺，十分适合给老人小孩吃。

细皮嫩肉

煎三文鱼

🕐 25分钟（不含腌制时间） 　🔥 简单

主料

三文鱼200克 · 柠檬半个

辅料

细盐1/2茶匙 · 黄油10克
黑胡椒粉适量

🍚 营养贴士

三文鱼富含不饱和脂肪酸，是一种补脑食物，最适合给学龄期儿童及青少年补充元气和脑力。

做法

1 三文鱼洗净，用厨房纸巾擦干水分。

2 用细盐、黑胡椒粉腌制三文鱼2小时。

3 平底锅烧热，放入黄油融化。

4 下三文鱼，中小火慢煎。

5 两面煎至金黄后，挤入柠檬汁即可。

— 烹饪秘籍 —

腌制三文鱼可利用晚上的时间，包裹一层保鲜膜，入冰箱冷藏即可。

⚠ 高颜值的秘密

三文鱼需要小火煎，以免破坏粉粉的颜色，吃的时候也可以配一些芦笋或者西蓝花等翠绿色的蔬菜。

三文鱼一般都是做刺身，但考虑到小朋友或者老年人的肠胃较弱，怕吃生冷，简单地用平底锅煎熟，就十分香浓适口，也更健康安全。

烈火烹油的畅快滋味

沸腾鱼

🕐 30分钟（不含腌制时间）　🌶🌶中等

主料

草鱼1条（约600克）·黄豆芽300克·莴笋200克

辅料

干红辣椒100克·花椒15克·鸡蛋1个·淀粉10克
郫县豆瓣酱2汤匙·料酒1汤匙·食用油约100毫升
姜20克·蒜2瓣·盐1茶匙

🍚 营养贴士

常言道：吃肉不如吃鱼，草鱼看起来其貌不扬，却含有丰富的氨基酸，其营养价值令人不敢小觑。

做法

1 草鱼收拾干净，切去头、尾，中间片成鱼片；姜切片，蒜切末。

2 黄豆芽冲洗干净，莴笋去皮，切成细长条，鸡蛋磕入碗中，取蛋清。

3 鱼片放入碗中，加料酒、淀粉、蛋清抓匀，腌制半小时以上入味。

4 锅烧沸水，放盐，下黄豆芽、莴笋焯2分钟。

5 黄豆芽、莴笋捞起放入碗中。

6 锅烧热，放约2汤匙油，烧至六成热时，放入10克干红辣椒、5克花椒、姜、蒜、郫县豆瓣酱爆香。

7 加约600毫升水，大火烧沸后，下鱼头、尾和鱼骨入汤中煮5分钟。

8 将鱼片一片片下入锅，鱼片煮至发白后起锅，倒入垫了黄豆芽和莴笋的大碗中。

9 将其余的干红辣椒、花椒铺在鱼片上。

10 另起一锅，倒入其余的油，烧至八成热后，将滚烫的热油浇在鱼片上即可。

╲ 烹饪秘籍 ╱

1 干红辣椒、花椒的用量可增减，但不能太少，否则没有"沸腾"的气势。

2 草鱼肉有土腥味，可适当增加腌制时间。

和朋友一起去餐馆吃饭，总会点一道沸腾鱼，一上来，大家就纷纷埋头举筷，拨开厚厚的辣椒找雪白的鱼片吃，吃到最后，找到一片碎鱼片都会欢呼一声，气氛嗨极了！

清蒸是对鲜鱼的最大肯定

清蒸鲈鱼

🕐 20分钟（不含腌制时间）　　🔥 简单

主料

鲈鱼1条（约200克）
火腿20克

辅料

姜10克·小葱2根
小红椒3个·食用油1汤匙
蒸鱼豉油1汤匙
料酒1汤匙·盐1/2茶匙

🍲 **营养贴士**

鲈鱼含有丰富的不饱和脂肪酸，对大脑发育和增强记忆力有很好的作用，可见吃鱼会变聪明是一个科学的说法。

做法

1　鲈鱼收拾干净后，在鱼身两侧各划两刀。

2　抹上盐，倒入料酒腌制半小时。

3　火腿切薄片，小葱洗净后切段，姜、小红椒切丝。

4　在鲈鱼的划刀处放上火腿片、姜丝，入蒸锅，大火上汽后蒸10分钟。

5　取出鲈鱼，倒掉盘子里的多余水分，在鱼身上铺葱段、小红椒丝。

6　锅烧热，放油、蒸鱼豉油，烧至油滚烫后，浇在鱼上即可。

> ⌐ 烹饪秘籍 ⌐
>
> 1 蒸鱼会出水，汤水一般有鱼腥味，可倒掉不用。
>
> 2 火腿增加鲜香味，没有也可以不用。

> △ 高颜值的秘密 ⌐
>
> 可以把小葱切成葱丝，浇上热油后会卷起来，和细细的姜丝、小红椒丝相映成趣。

🍆"江上往来人，但爱鲈鱼美"，鲈鱼到底有多美，只需要简简单单清蒸一下，就可品尝到这份跨越古今的鲜美滋味了。

鲜到掉眉毛
葱油梭子蟹

🕑 25分钟（不含泡水时间）　🔥 简单

主料

梭子蟹2只（约400克）
干粉丝1小把（约30克）

辅料

食用油1汤匙 · 小葱30克
姜10克 · 蒸鱼豉油1汤匙
盐1/2茶匙

🍚 营养贴士

梭子蟹富含蛋白质、
脂肪和多种微量元
素，烹饪十分简便。
需要注意的是，下锅
前不要忘记去鳃。

做法

1　干粉丝泡水半小时左右至
软；姜切细丝；小葱洗净后切
葱花。

2　梭子蟹洗净，去外壳后，
每只斩成均匀的4小块。

3　盘中铺一层粉丝，梭子蟹
小块排列在粉丝上，撒上姜
丝，大火上汽后蒸10分钟。

4　另起一锅烧热，放油，
烧至五成热后下葱花，小火
炒香。

5　放入蒸鱼豉油、盐，加入2
汤匙水，煮沸后淋在梭子蟹上
即可。

╴烹饪秘籍╴

1 梭子蟹斩块的大小关系到蒸制的时间，尽量切得
小块些，便于快速蒸制入味。
2 粉丝可以吸收梭子蟹的鲜味，也可以不用。

╴高颜值的秘密╴

梭子蟹蒸制后蟹壳粉
红，蟹肉细腻洁白，
加上翠绿的小葱，令
人爽心悦目，胃口
大开。

冬天时的梭子蟹蟹壳内有红膏，尤为肥美。梭子蟹一般为冰鲜，不会舞动蟹钳气势汹汹，料理起来十分方便，做法也很多样，除了葱油清蒸，还可以炒年糕。

鲜美无敌

虾油娃娃菜

🕐 25分钟 ・ 🔥 简单

主料

对虾150克・娃娃菜250克

辅料

小葱2根・食用油100毫升・盐1/2茶匙・白糖1/2茶匙

🍲 营养贴士

娃娃菜是白菜的"迷你版"，和新鲜的对虾一起入菜，蛋白质和维生素都有了。虾头含有丰富的钙质，炸酥的虾头可以蘸一点椒盐食用。

做法

1 对虾冲洗干净，分离虾头、虾身，抽掉虾线，虾头沥干水。

2 娃娃菜洗净，菜帮切片，菜叶切段；小葱洗净后切葱花。

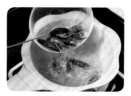

3 锅烧热，放油，烧至六成热后放入虾头，中小火慢炸。

4 炸至虾头金黄，捞出虾头不用，留虾油备用。

5 锅里放1汤匙虾油，烧至七成热，放入虾身，煎炒至虾缩起。

6 倒入娃娃菜的菜帮部分，大火翻炒。

7 炒至菜帮蔫软，倒入菜叶，继续炒2分钟左右。

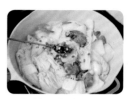

8 加盐、白糖后翻炒均匀，撒葱花即可出锅。

> 烹饪秘籍

尽量选用脆嫩的娃娃菜，如选用大白菜，需要多焖煮几分钟。

> 高颜值的秘密

从营养和口味上来说，留着炸过的虾头也可以，但是从颜值来看，最好去掉。

平常熬白菜或者娃娃菜，用五花肉就够美味了，这回用新鲜的对虾来搭配，而且对虾还经过油锅的"洗礼"，把浓浓的鲜美滋味融进了娃娃菜里，颜色也十分诱人。

鲜美嫩滑

玉子虾仁

🕐 25分钟　🌶 简单

主料

日本豆腐2根·大虾8~10枚·青豆8~10颗

辅料

食用油1茶匙·盐1/2茶匙·料酒2茶匙
淀粉1茶匙·生抽1茶匙

🥣 营养贴士

日本豆腐又叫玉子豆
腐，是一种用鸡蛋制
成的嫩如豆腐的"果
冻"，和虾仁同蒸，含
有丰富的蛋白质，嫩
滑又营养。

做法

1 日本豆腐从中间切一
刀，再头尾抖动一下，
取出，切成1厘米厚的
圆片。

2 大虾冲洗干净，剥
壳，取出虾仁，抽掉
虾线。

3 虾仁用料酒腌制10分
钟去腥。

4 日本豆腐放入盘中，
虾仁摆放在日本豆腐
上，在每个虾仁边上放
一颗青豆。

5 虾仁豆腐放入蒸
锅，大火上汽后，蒸10
分钟。

6 另取锅，倒入约80
毫升水烧沸，放入油、
盐、生抽、淀粉，搅匀
成芡汁。

7 将芡汁浇在玉子虾仁
上即可。

烹饪秘籍

1 蒸制的时间需根据虾的大小
灵活掌握，不可蒸久，否则
虾容易蒸老。

2 青豆也可用小葱代替，如使
用小葱，出锅后撒上即可。

高颜值的秘密

淡黄色配粉红色，十
分娇俏可人，如春天
一般清新。

嫩黄的日本豆腐上躺着一枚娇羞的粉红大虾，这么爽心悦目的造型，用来作为宴客菜都绰绰有余，十分适合刚开始下厨的新手，小造型盘活整道菜。

嘎嘣脆

油爆虾

⏱ 25分钟 ♨ 简单

主料

小河虾300克

辅料

食用油200毫升・姜10克
蒜1瓣・小葱2根
料酒1汤匙・生抽1汤匙
盐2克・白糖2茶匙

🍲 **营养贴士**

小河虾肉质细嫩，营养丰富，不仅含蛋白质，还富含钙、铁、镁等矿物质元素。油爆的做法使虾壳香酥易嚼，满满的钙质不浪费。

做法

1 小河虾冲洗干净，剪去长须部分，沥干水；姜、蒜切碎；小葱洗净后切葱花。

2 锅中倒油，烧至六成热，下小河虾，中火炸至金黄后捞出。

3 大火烧热油锅至八成热，将小河虾再次入锅复炸半分钟左右，捞出沥油。

4 锅内留底油，烧至六成热，下姜蒜末爆香。

5 下炸过的小河虾翻炒，沿锅边淋入料酒、生抽。

6 放入盐、白糖，翻炒均匀，撒葱花即可出锅。

⌐ 烹饪秘籍 ⌐

1 小河虾如很鲜活，需要在沸水中焯10秒，沥干水后再炸。不能活虾入油锅，以防虾在油锅中弹跳溅起热油。

2 第二遍复炸使虾壳更酥脆，不要省略。

△ 高颜值的秘密

红彤彤的小河虾，裹上一层油汪汪的酱汁，再配上绿绿的葱花，简直是一道"红肥绿瘦"的风景线。

油爆虾是一道风靡很多年的小菜，小河虾经油炸变得金黄香脆，连壳都是酥酥的，三五好友喝小酒时，用来作为下酒菜最惬意不过。

满满的仪式感
奶酪开背虾

🕐 20分钟 · 🍴 简单

主料

大虾8枚·马苏里拉奶酪60克

辅料

橄榄油2茶匙·姜10克·蒜1瓣
细盐1/2茶匙·黑胡椒粉少许

🥣 **营养贴士**

大虾含有丰富的蛋白
质，热量也较其他肉
类低，奶酪可增加香
浓的口感，还能补充
钙质。

做法

1 大虾洗净，在虾背部切一
刀，取出虾线。

2 把虾伸展成一字形，用刀
背拍松。

3 姜、蒜切末，马苏里拉奶
酪切丝。

4 虾身刷一层橄榄油，撒
盐、姜末、蒜末、奶酪丝和黑
胡椒粉。

5 烤箱预热200℃，大虾在烤
盘中排列整齐，放入烤箱，上
下火烤12~15分钟即成。

━ 烹饪秘籍 ━

大虾竖成一条直线后用刀背把
"筋"拍散，防止烤的过程中虾
身弯曲。

△ 高颜值的秘密

大虾是一种怎么做都
好吃好看的食材，唯
一需要注意的就是不
要烤焦。

红红的大虾端上桌的时候，总有一种节日的隆重仪式感，用奶酪一起焗烤，增添风味又造型感十足。

金黄香酥的凤尾虾，是去西式快餐厅的必点小吃，其实在家也可以自己做，一口一个，香脆过瘾。

凤尾虾

🕐 25分钟　　🔥 简单

主料

大虾12枚·鸡蛋1个（约50克）

辅料

食用油200毫升·淀粉20克
面包糠50克·料酒1茶匙
盐1/2茶匙·番茄酱适量

🍲 **营养贴士**

虾的蛋白质含量丰富，容易被人体吸收。要注意，炸好出锅后尽量用厨房纸巾吸去多余油分。

📐 **高颜值的秘密**

蛋液要挂均匀，面包糠才会牢牢粘住，炸出金黄香酥的"鱼鳞片"脆皮。

做法

1 大虾去头、去壳，留虾尾的壳，虾背切一刀，去除虾线。

2 加盐、料酒，将虾身腌制10分钟。

3 鸡蛋磕入碗中，搅打成均匀的蛋液。

4 大虾拍上薄薄一层淀粉，浸入蛋液，再裹上面包糠。

5 锅烧热，放油，烧至六成热后，放入大虾炸至金黄。

6 捞出沥干油，蘸番茄酱即可。

⟩ **烹饪秘籍** ⟨

1 淀粉、面包糠不要裹太厚，如裹得太多，可以轻拍一下抖掉一些。

2 炸制时注意油温，火小面糊会吸很多油，火大容易炸焦。

3

CHAPTER

学做"洋口味"，
品尝异域风

唇齿留香
青酱意面

⏱30分钟 · 🥄简单

主料

罗勒叶15克·松子仁30克
意面200克

辅料

橄榄油2汤匙·盐1茶匙
奶酪粉2茶匙
黑胡椒粉少许

🍅 **营养贴士**

罗勒是一种西餐中常
见的调味料，有解
毒、消暑的作用；松
子仁含有丰富的不饱
和脂肪酸，有补脑健
脑的作用。

做法

1 罗勒叶洗净，沥干后切碎；
松子仁去皮。

2 把罗勒叶、20克松子仁、
橄榄油、1/2茶匙盐、黑胡椒
粉放入搅拌机搅拌均匀，即成
青酱。

3 锅放大量水烧开，放入意
面、1/2茶匙盐，煮至八成
熟，捞起沥水。

4 将青酱和煮过的意面放入
锅中翻炒均匀，撒入奶酪粉及
剩下的10克松子仁即可出锅
装盘。

╱ 烹饪秘籍 ╱

1 松子仁留一小半不打碎，可
增加颗粒咀嚼感。

2 搅拌机搅拌时如过于黏稠，
可加1汤匙纯净水。

╱ 高颜值的秘密 ╱

绿色的青酱包裹着意
面，点缀一颗颗饱满
的松子仁，最后撒上
奶酪粉，仿佛薄雪正
在消融。

罗勒的特别味道让迷恋它的人爱不释口，再搭配松仁，更是令人唇齿留香。这款意面简单方便，制作过程中无油烟，适合小家庭的简易厨房。

当水果遇上比萨

水果比萨

🕐 80分钟　　🌶🌶 中等

主料

高筋面粉120克・香蕉60克・菠萝罐头60克
芒果果肉60克・玉米粒50克・马苏里拉奶酪丝50克

🥥 营养贴士

水果比萨一般使用水果罐头来烘焙，但维生素流失较多，吃时建议再搭配一份蔬菜沙拉。

辅料

盐1/2茶匙・酵母粉2克・黄油10克
食用油1汤匙・沙拉酱1汤匙

做法

1 将盐、酵母粉用20毫升30℃的温水化开，倒入高筋面粉中，搅拌均匀。

2 再加入黄油、约30毫升水，揉十多分钟，成一个光滑的面团。

3 将面团用擀面杖擀成一张圆饼。

4 在比萨盘中刷一层食用油。

5 圆饼铺到比萨盘中，按压紧实，用叉子扎出小孔。

6 将比萨面饼装入保鲜袋，40℃发酵半小时以上，至比萨面饼变成原来的2倍大。

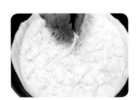

7 取出比萨面饼，在面饼上刷一层沙拉酱，撒20克左右马苏里拉奶酪丝。

8 铺上各种水果块和玉米粒，再撒一层马苏里拉奶酪丝。

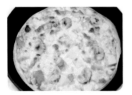

9 烤箱预热200℃，放入水果比萨，烤20~25分钟，至奶酪丝金黄即可。

▷ 烹饪秘籍 ◁

用来烤比萨的水果必须是水分较少、味道香甜的，最好选用水果罐头。

△ 高颜值的秘密

菠萝、芒果、香蕉、玉米粒，加上烤到焦黄的奶酪丝，同一色系、深浅不一的食材让人赏心悦目。

吃惯了牛肉比萨、海鲜比萨，换个口味吃比萨，让人耳目一新。没想到香甜的水果遇到比萨饼，会碰撞出这么亮眼的火花。

柔情万种
芦笋浓汤
🕐 25分钟　🔥 简单

主料
芦笋200克 · 土豆80克
淡奶油30毫升

辅料
盐2克 · 黑胡椒粉少许

🍎 **营养贴士**

芦笋含有多种维生素和微量元素，膳食纤维含量也非常丰富。土豆含有较多淀粉，淡奶油补充钙质，这道浓汤可以作为主菜吃。

做法

1 土豆去皮，切小块；芦笋去掉老根，切段。

2 土豆块煮10分钟以上至熟，沥水。

3 锅中煮沸水，放入芦笋焯1分钟左右，捞出。

4 芦笋尖部分留出备用，其他和土豆块一起用料理机搅打均匀。

5 将搅打后的芦笋土豆泥放入锅中，加入一碗水（约150毫升）煮沸。

6 加入淡奶油、盐、黑胡椒粉后起锅，放入芦笋尖至盘子中心作为点缀。

🥄 烹饪秘籍

1 西式浓汤有时会用到面粉增加汤的浓稠度，这里使用淀粉含量较高的土豆来实现这一效果。

2 芦笋和土豆搅打时，如过于浓稠，可添加少许水。

💧 高颜值的秘密

芦笋焯熟后，要快速进行下一步的烹饪，长时间暴露在空气中会氧化变色。

中国人喝的汤和西式的汤虽然都叫作"汤"，但两者却好像不是来自同一星球。香浓绵密的西式浓汤，颇有柔情万种的韵味呢。

蒜香法棍

🕐 15分钟　　🍴 简单

主料

法式长棍面包1个（约200克）
黄油30克 · 蒜4瓣 · 欧芹20克

辅料

盐1克

 营养贴士

黄油是乳制品，含有蛋白质和钙质，这款蒜香面包片还需要搭配沙拉等，以补充维生素。

做法

1　黄油隔热水软化至顺滑。

2　长棍面包切厚片。

3　欧芹冲洗干净，切碎；蒜切碎末。

4　黄油加盐，手动搅打至颜色稍变浅。

5　欧芹和蒜末与黄油混合，抹在面包片上。

6　烤箱预热200℃，放入面包片烤10分钟至酥脆即可。

〉 烹饪秘籍 〈

黄油、蒜、欧芹的用量不固定，可依喜好增减。

⚠ 高颜值的秘密

长棍面包片被烤得金黄，一看就很酥香，引燃早起的胃口。

法式长棍面包只用面粉、盐、酵母烘焙而成，搭配黄油、蒜末烘烤，满屋飘香，很适合配上一杯咖啡，作为周末的早午餐。

越南春卷

🕙 25分钟 · 🔥 简单

主料

越南春卷皮10张 · 鲜虾10枚 · 小黄瓜100克
生菜50克 · 胡萝卜30克 · 鸡蛋1个 · 薄荷叶少许

辅料

生抽2汤匙 · 醋2汤匙 · 盐1/2茶匙 · 白糖1茶匙
小米椒2个 · 柠檬汁1茶匙 · 小葱1根 · 熟芝麻适量

🍎 **营养贴士**

包入春卷里的食材，要么是低脂的虾，要么是热量超低的蔬菜，而且烹饪全程不用油，是一道减肥料理。

做法

1 鲜虾去壳、去虾线，在沸水中焯2分钟至熟，捞起凉凉。

2 春卷皮在温水中浸泡1分钟至软，捞出沥干。

3 小葱洗净，切葱花，小米椒切碎，葱花、小米椒与其他所有调料混合成蘸料。

4 小黄瓜、生菜、胡萝卜洗净，沥干，切成细丝。

5 鸡蛋磕入碗中，搅打成蛋液。

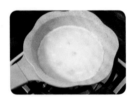

6 平底锅烧至五成热，倒入蛋液后，改小火，煎成蛋皮。

7 蛋皮凉凉，切成细丝。

8 春卷皮摊开，放入小黄瓜、生菜、胡萝卜、蛋丝、薄荷叶和虾，包成卷。

9 春卷蘸调料食用即可。

〉 烹饪秘籍 〈

也可以加入其他新鲜爽脆的蔬菜，如豆芽、青椒等。

◁ 高颜值的秘密

透明的春卷皮，透出颜色鲜亮的各色食材，只要保证食材颜色不走样即可。

当我们提到春卷，一般都会想到中国式的金黄香脆的油炸春卷，但是在邻国越南，人们吃的是这种皮薄如纸，包着各色蔬菜的春卷，再蘸上酸辣味的料汁，东南亚风情十足。

泰国版的酸辣汤

冬阴功

🕐 20分钟　　🍳 简单

主料

鲜虾8枚 · 草菇30克 · 蛤蜊100克
冬阴功汤料包2人份 · 椰浆50毫升

辅料

青柠檬半个 · 细砂糖1茶匙

🍎 **营养贴士**

冬阴功酸酸辣辣，香味扑鼻，有勾人食欲的开胃效果。其中的蛤蜊、虾是很好的低脂肪、高蛋白食材。

做法

1 蛤蜊泡在水中2小时以上，使其吐净泥沙。

2 鲜虾洗净，在虾背上划一刀，抽掉虾线。

3 草菇洗净，切成两半；柠檬切成薄片，留2片备用，其他挤出柠檬汁。

4 冬阴功汤料包放入锅中，加800~1000毫升水，大火煮沸。

5 加入椰浆、细砂糖，搅拌均匀。

6 放入草菇、虾、蛤蜊，煮1分钟左右。

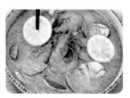

7 起锅后滴入青柠檬汁，摆上柠檬片即可。

✂ 烹饪秘籍

1 冬阴功汤料包一般已含椰浆，如不喜欢浓郁的椰浆味道，可不用另行添加。
2 青柠檬汁增添清爽效果，不要过早加入。

🔍 高颜值的秘密

饱满的新鲜大虾，搭配青翠柠檬片，东南亚四季如夏的火热感觉就出来了。

"冬阴"是酸辣的意思，"功"指的是虾，所以冬阴功就是泰国的酸辣虾汤。可能是热带人民经常没有胃口，才发明了这款超级开胃的酸辣汤。好嘛，这下一喝就停不下来了。

椰香芒果糯米饭

 60分钟（不含浸泡时间） 🥄 简单

主料

泰国糯米120克
椰浆130毫升·芒果150克

辅料

细砂糖1汤匙·盐1/2茶匙
香兰叶10克·薄荷叶少许

🍚 营养贴士

椰浆含有蛋白质、糖分和多种微量元素，
有驻颜美容的作用；糯米软糯筋道，但不
好消化，不可大量食用。

做法

1 糯米淘洗干净，浸泡
3小时以上。

2 将100毫升椰浆和细
砂糖、盐混合，搅匀。

3 芒果去皮后切厚片。

4 蒸锅上铺一层蒸笼
布，香兰叶放蒸布上。

5 放入沥水后的糯米，
隔水大火蒸20分钟至熟。

6 糯米饭凉凉后，拌入
步骤2中调好的椰浆，搅
匀，使糯米饭吸收椰浆。

7 糯米饭放入盘中，
旁边用芒果、薄荷叶点
缀，再浇30毫升椰浆
即可。

> 烹饪秘籍

1 椰浆不可以用椰汁代替。
2 香兰叶是一种热带植物，有
独特的芳香，可以增加糯米
饭的香甜味道。

> 高颜值的秘密

糯米饭在小碗中压紧、压实，再倒扣到盘
子里，搭配黄色的芒果和两片薄荷叶，看
着就清爽可人。

东南亚餐厅里，芒果糯米饭总是必点项，说它是主食吧，它让人在吃饱后仍能胃口大开，说它是甜点吧，它又是一份扎实的米饭。不纠结了，好吃才是王道！

五彩缤纷

石锅拌饭

🕐 35分钟　　🔥 简单

主料

热米饭1碗 · 牛肉丝30克 · 菠菜50克 · 黄豆芽30克
胡萝卜30克 · 鲜香菇30克 · 鸡蛋1个（约50克）

辅料

食用油1汤匙 · 韩式甜辣酱1汤匙 · 淀粉1茶匙
盐3克 · 熟白芝麻少许

🍚 **营养贴士**

石锅拌饭的营养和视觉一样丰富，牛肉、鸡蛋提供蛋白质，米饭提供碳水化合物，蔬菜、菌菇、豆芽提供丰富的维生素、矿物质，口味满足，身体更满足。

做法

1　菠菜、黄豆芽、胡萝卜、香菇洗净，菠菜切长段，胡萝卜切丝，香菇切细条。

2　牛肉丝放淀粉抓匀，腌制10分钟。

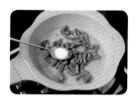

3　锅烧热，放1/2汤匙油，烧至五成热后，放入牛肉丝，中火煸炒至熟，加约1克盐后盛出。

4　锅中放另外1/2汤匙油，烧至五成热后，磕入鸡蛋，煎至八成熟后盛出。

5　锅加水烧开，水里放入2克盐，放入黄豆芽焯1分钟后捞起沥干。

6　分别放入胡萝卜丝、香菇丝、菠菜焯熟，盛出沥干。

7　大碗里放入热米饭，将牛肉丝、菠菜、黄豆芽、胡萝卜、香菇依次排列在米饭上。

8　中间摆上煎蛋，撒熟白芝麻，吃之前拌入甜辣酱即可。

📝 烹饪秘籍

1 胡萝卜和香菇丝也可放少许油，在锅中翻炒，味道更香。

2 鸡蛋不用煎得太熟，流质蛋黄拌米饭更香滑。

3 这里的石锅拌饭是无石锅版，如有石锅，需提前加热，倒入米饭前薄薄刷一层油。

🔺 高颜值的秘密

每样配菜都需要切成长而均匀的细丝或条状，而且分量要差不多，排列整齐后，五彩斑斓的效果就出来了。

看韩剧的时候，最馋的就是五彩缤纷的石锅拌饭了，看着主角以满含期待的眼神拌好饭，然后大口大口吃，简直馋得不行。

韩式辣炒年糕是一道既可以作主食也可以作为小吃的便捷美食，只要拥有辣酱和泡菜这两样灵魂食材，就可以做出媲美韩剧的正宗辣炒年糕，软糯有嚼劲。

软糯弹牙

韩式辣炒年糕

🕐 20分钟　　🔥 简单

主料

年糕条200克·泡菜30克
洋葱20克·胡萝卜20克

辅料

食用油1/2汤匙·韩式辣酱2汤匙
白糖1茶匙·熟白芝麻少许

🥗 营养贴士

泡菜是一种发酵食品，含有乳酸菌，促消化，增食欲。

做法

1　洋葱、胡萝卜洗净后切丝，泡菜切碎。

2　锅烧热，放油，烧至五成热后，下洋葱、胡萝卜炒香。

3　下泡菜、辣酱翻炒均匀后，加一碗水（约150毫升）煮沸。

4　放入年糕条，大火煮两三分钟至熟。

5　收干汤汁至浓稠，加白糖，撒熟白芝麻后起锅。

✂ 烹饪秘籍

1 年糕要选用条状的速冻年糕，普通的年糕片不够弹牙。

2 年糕也可在沸水中烫熟后再与辣酱翻炒，但不如直接在辣酱汤中煮熟更入味。

📐 高颜值的秘密

雪白的年糕条被红彤彤的辣酱满满地包裹住，可以另外撒一些葱花点缀，不过单是红色就足够吸引眼球了。

遇到你，在街角的便利店
三角饭团

🕐 20分钟　　🥄 简单

主料

米饭200克・金枪鱼罐头50克
肉松50克・海苔2张

辅料

熟白芝麻适量

城市街角的便利店里，经常会有各类又好看又好吃的饭团，一口咬开，尝到喜欢的口味，一整天都会很开心。在家自己做饭团，把喜欢的食材多多加进去，开心也加倍。

🍚 **营养贴士**

金枪鱼是低脂肪高蛋白的海洋鱼类，富含不饱和脂肪酸，是理想的减肥食品。

做法

1　金枪鱼罐头滤去多余汤汁水分，剁碎。

2　海苔剪成长方形小片。

3　米饭打散，拌入金枪鱼、肉松、熟白芝麻。

4　用模具或者手工整理成等边三角形。

5　海苔片沿饭团底边贴上即可。

--- 烹饪秘籍 ---

金枪鱼罐头和肉松都已经调过味了，不用再另外加盐。

🔺 **高颜值的秘密**

可以借助饭团模具轻松得到有趣的造型。饭团压紧、压实，用一片海苔半遮半掩地盖住。

排排坐，吃饭团
紫菜包饭
⏱20分钟 · 🌶简单

主料

米饭300克 · 黄瓜200克
蟹肉棒100克
香肠100克 · 鸡蛋1个
寿司海苔3片

辅料

食用油1茶匙 · 盐1克

🍚 **营养贴士**

一个有肉、有菜、有蛋、有米饭的紫菜包饭，碳水化合物、维生素、蛋白质等基本的营养素就齐全了，尽量不要做全蔬菜或者全肉的。

做法

1 黄瓜洗净、沥干，和香肠均切成1厘米宽的细长条，蟹肉棒撕成细条。

2 鸡蛋磕入碗中，加盐，搅打成均匀的蛋液。

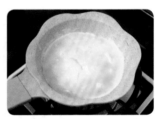

3 平底锅烧热，放油，烧至五成热后，倒入蛋液，晃动锅身使蛋液均匀铺满锅底。

4 小火煎成薄薄的蛋皮，凉凉后，切成细丝。

5 在竹帘上放寿司海苔，铺一层米饭，放上一条黄瓜、一条香肠和适量蛋皮丝、蟹肉棒。

6 卷成寿司，压紧、压实，切成2厘米长的寿司小卷即可。

烹饪秘籍

1 铺米饭时为防止粘手，可以蘸少许凉水。

2 卷动米饭卷时，可以边卷边压紧。

高颜值的秘密

每个紫菜包饭卷的横截面，都能看到白的米饭、红的香肠、绿的黄瓜、黄的蛋丝，颜色鲜明，煞是好看。

饭团小时候没少吃，在小手端不稳饭碗的时候，妈妈经常会手捏一个小饭团，里面包着菜和肉，现在有了一种更好看、好吃的饭团，就是紫菜包饭。

简洁之美
日式炸虾
⏱ 25分钟　🔥 简单

主料

明虾10枚·天妇罗粉80克·白萝卜20克

辅料

食用油300毫升（实际用量约30毫升）·面粉10克
日式酱油3汤匙·味醂1汤匙·细砂糖1/2茶匙
柠檬汁1茶匙

🍚 营养贴士

天妇罗经过高温短时间炸制，吸取的油分
较少，但毕竟是油炸食品，食用前尽量沥
干油分，并用厨房纸巾再吸一遍。

做法

1 明虾去头、去壳，留虾尾的壳，去除虾线。

2 用厨房纸吸去多余的水分后，将虾身裹上薄薄一层面粉。

3 天妇罗粉用120毫升冰水搅匀成面糊。

4 虾身浸入天妇罗面糊，裹上一层薄薄的面糊。

5 炸锅烧热，放油，烧至六成热后，捏住虾尾，使虾垂直入锅炸1分钟左右至金黄。

6 炸好的天妇罗虾沥干油分。

7 白萝卜去皮，擦成细蓉，和酱油、味醂、细砂糖、柠檬汁调成蘸汁，用炸虾蘸食即可。

〰 烹饪秘籍 〰

1 天妇罗粉要使用冰水化开，而且不能反复搅拌，以防面粉起筋，变得不酥脆。

2 炸天妇罗的油温一般在180℃左右，介于六成到七成油温，也可以使用厨房温度计来精确掌握。

△ 高颜值的秘密

面糊薄如蝉翼，仿佛轻纱一般裹在大虾身上，无须复杂的装饰，拥有一种简洁之美。

日本把炸物一类叫作"天妇罗"，天妇罗相对其他普通的油炸食品来说，外面裹的面糊更薄更脆。炸天妇罗对油温要求较高，需要多多练习。

烤青花鱼

⏱ 35分钟 · 🌶 简单

主料

青花鱼2片

辅料

盐1/2茶匙 · 柠檬1/2个
黑胡椒粉适量

🍚 **营养贴士**

青花鱼营养丰富到令人咂舌，除了蛋白质、矿物质等营养素外，还含有健脑益智的DHA，常吃可增强记忆力。

做法

1 青花鱼肉冲洗一下，去除腹部的黑色筋膜和大刺。

2 将盐均匀地抹在鱼的两面。

3 包上保鲜膜冷藏2小时以上。

4 去掉保鲜膜，用厨房纸巾擦去多余水分。

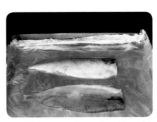

5 烤箱180℃上下火预热，烤盘垫锡纸，放入青花鱼烤20分钟左右。

6 吃之前撒少许黑胡椒粉，挤上柠檬汁即可。

〰 烹饪秘籍 〰

盐一定要抹得少而均匀，经腌制后，鱼的少许腥味更加不明显。

〰 高颜值的秘密 〰

鱼身上的水分要尽量擦拭干净，才能烤出焦黄亮泽的脆皮。

日料店里的盐烤青花鱼，表皮脆脆的，鱼肉鲜美，很适合用来作为朋友小酌的下酒菜。桃李春风一杯酒，江湖夜雨吃烤鱼。

金黄酥脆，不可抵挡

日式猪排饭

🕐 40分钟 · 🔥 简单

主料

猪排150克 · 鸡蛋1个（约50克）
米饭1碗（约150克）· 圆白菜50克

辅料

食用油300毫升（消耗约20毫升）· 淀粉20克
面包糠30克 · 料酒1汤匙 · 生抽2汤匙 · 白糖1茶匙
盐1/2茶匙 · 黑胡椒粉1/2茶匙 · 番茄酱适量

🥄 **营养贴士**

经过炸制的猪排需要
沥干多余的油分，炸
猪排饭宜搭配多样蔬
菜，补充维生素。

做法

1 猪排洗净后用刀背拍松，加入盐和黑胡椒粉腌制10分钟。

2 圆白菜切成均匀的细丝；鸡蛋磕入碗中，打成蛋液。

3 将料酒、生抽、白糖混合，加2汤匙清水，搅匀成料汁。

4 将腌好的猪排裹上一层淀粉，再裹一层蛋液，最后再裹满面包糠。

5 锅倒油，烧至七成热，放入猪排，炸至两面金黄后，捞出沥油。

6 猪排切成粗条，盖在米饭上，旁边放圆白菜丝，在圆白菜上淋少许番茄酱即可。

╱ 烹饪秘籍 ╲

1 猪排表面的淀粉、蛋液和面包糠要裹得紧实而均匀。

2 圆白菜可用黄瓜、番茄等可以生食的蔬菜代替。

△ 高颜值的秘密

炸猪排表面的面包糠一定要裹均匀，油温不能太低或太高，这样才能炸出金灿灿的效果。

炸猪排饭是那种让人在理智和情感边缘纠结的食物，理智告诉我："油炸的东西热量高，要少吃。"味蕾告诉我："这么金黄香脆，不要停下来！"

茶可清心

梅子茶泡饭

🕙 10分钟　　🥄 简单

🍆 日剧里经常有吃茶泡饭的场景，红楼梦里也提到贾宝玉"只用茶泡了一碗饭"，匆忙吃完了。我不禁有个疑问：日料店里的简餐和古代公子哥吃的茶泡饭，是一样的吗？

主料

米饭1碗 · 海苔10克
紫苏梅子1颗 · 玄米茶10克

辅料

熟白芝麻适量 · 盐1克

做法

1 用热水沏好玄米茶，取大约120毫升茶汤。

2 茶汤中加入盐，搅匀。

3 海苔剪成细丝，放在米饭上，撒上熟白芝麻，放上梅子。

4 冲入玄米茶到碗中即成。

🍵 **营养贴士**

茶泡饭清心爽口，但需要细嚼慢咽，以防消化不良。

△ **高颜值的秘密**

做茶泡饭要用深而窄的小碗，使米饭大半浸泡在茶中。

烹饪秘籍

如没有玄米茶，可使用绿茶，但茶汤不能过浓。

4

CHAPTER

花样主食，
让你轻松吃得饱

菜中有饭，饭中有肉

咸肉菜饭

🕐 30分钟（不含浸泡时间）　🔥 简单

主料

大米200克·咸肉80克
芥菜100克

辅料

猪油2茶匙·食用油1茶匙
盐1克·白糖1茶匙
鸡粉1/2茶匙

🍚 营养贴士

芥菜性温，有明目开胃的作用。这道菜特别适合在芥菜大量上市的季节吃，咸肉也可换成腊肠。食用这类腌肉制品时，需要注意总体盐分的摄入，不要过量。

做法

1 大米洗净后浸泡2小时。

2 芥菜洗净，切碎；咸肉切成小丁。

3 咸肉和大米放入电饭煲，加水至高出大米约1厘米，按煮饭键。

4 炒锅烧热，放油，烧至五成热后，放入芥菜大火翻炒。

5 炒至芥菜变软，加盐、白糖、鸡粉调味，盛出。

6 电饭煲煮饭程序结束后，放入炒好的芥菜、猪油翻拌均匀即可。

烹饪秘籍

1 咸肉在与米饭一起煮的时候会析出盐分，如咸味不够，可加少许生抽。

2 芥菜不可炒得过久，否则容易出水，断生即可。

高颜值的秘密

芥菜需要提前炒至八成熟，在煮饭结束后，用锅里的余温焖熟，千万不要过久，菜叶黄了就不好看了。

"菜饭合一"是懒人下厨的终极追求，不仅要简单方便，最关键是要有饭有菜有肉，一碗满足所有要求。

碎金满盘
黄金炒饭

🕐 15分钟　🥄 简单

主料

米饭1碗（约120克）
鸡蛋2个（约100克）
小葱2根

辅料

食用油1汤匙·盐1/2茶匙
鸡粉1/2茶匙

🍚 **营养贴士**

这份蛋炒饭只有米饭和鸡蛋，营养略嫌不足，可用剩下的蛋清搭配青菜做一道青菜蛋汤，以补充维生素。

做法

1　鸡蛋分离蛋清、蛋黄，取蛋黄。

2　小葱洗净后切葱花。

3　将米饭打松散，放入蛋黄，搅拌至米饭均匀地裹上蛋黄液。

4　不粘锅烧热，放油，烧至五成热后，倒入米饭。

5　中小火翻炒米饭3分钟以上，至蛋液凝固，米饭颗粒分散。

6　调入盐、鸡粉，撒葱花即可起锅。

—— 烹饪秘籍 ——

米饭宜选用隔夜冷饭，水分较少，容易炒到颗颗分明。

高颜值的秘密

只用蛋黄的蛋炒饭比普通的蛋炒饭更加金灿灿，勾人食欲。

蛋炒饭是一道拥有同名歌曲的中华料理，歌里这么唱："蛋炒饭它最简单也最困难"，简单的是配料，困难的是手法和火候，这里对传统的蛋炒饭略作改动，使它更简单也更纯粹了。

挡不住的热带风情
菠萝饭

🕐 35分钟　🌶 简单

主料

菠萝半只·米饭1碗
鸡腿肉50克·洋葱30克
胡萝卜30克·小葱2根

辅料

食用油1汤匙·料酒1茶匙
盐1茶匙

🍲 **营养贴士**

一般的菠萝饭都是米饭和菠萝以及蔬菜丁翻炒，这里加了口味清淡鲜嫩的鸡腿肉丁，增加了蛋白质，营养更全面。

做法

1 取出菠萝果肉，切成丁状；用1/3茶匙盐对成盐水，将菠萝果肉浸泡10分钟后沥水。

2 鸡腿肉切小块；洋葱、胡萝卜洗净，切小块；小葱洗净后切葱花。

3 锅烧热，放油，烧至五成热后，放入洋葱爆香。

4 下鸡肉煸炒至肉色变白，加料酒。

5 放入胡萝卜、菠萝丁、米饭，翻炒2分钟。

6 加另2/3茶匙盐、葱花后起锅，装回菠萝中。

烹饪秘籍

新鲜的菠萝果肉有点涩口，需要用淡盐水"杀"一下。

高颜值的秘密

挖菠萝果肉时，尽量规划好后再下刀，否则会大大影响"容器"的颜值和菠萝果肉的完整程度。

米饭、水果、肉，看起来不是同一类东西，但是在菠萝容器里相处和谐，而且一端上这半只带着叶子的菠萝，一股浓郁的热带气息就扑面而来。

咖喱咖喱，轻轻一加

什锦咖喱炒饭

🕐 25分钟　🍐 简单

主料

米饭1人份（约100克）· 虾仁30克
鱿鱼30克 · 胡萝卜20克 · 洋葱20克
青豆20克

辅料

小葱1根 · 咖喱块1人份（约20克）
食用油1汤匙

🍲 营养贴士

虾仁和鱿鱼富含蛋白质，鱿鱼
还富含钙、磷、铁元素，需要
注意的是，鱿鱼胆固醇含量较
多，不要频繁大量食用。

做法

1 虾仁、鱿鱼洗净，切小块；
洋葱、胡萝卜洗净后切小丁；
小葱洗净，切葱花。

2 锅烧热，放油，烧至五成
热后，下咖喱块，改小火慢慢
炒融化。

3 放入洋葱丁爆出香味。

4 放虾仁、鱿鱼炒半分钟，
盛出备用。

5 下米饭、胡萝卜、青豆，
翻炒2分钟以上。

6 放入炒好的咖喱虾仁鱿
鱼，翻炒至米饭均匀裹上咖
喱。撒葱花即可出锅。

烹饪秘籍

鱿鱼不要在锅里炒太久，以防炒老。

高颜值的秘密

要想金黄色的咖喱
包裹在每颗米粒
上，需要先融化咖
喱，再反复翻炒。

咖喱带有浓浓的东南亚风情，热情奔放，火辣诱人，再加上海鲜，营养丰富，美味加倍。

南瓜的花样年华
南瓜馒头

⏱ 80分钟（不含发酵时间） 🥄🥄 中等

主料

南瓜250克（南瓜泥约200克）
中筋面粉400克·酵母粉5克

辅料

细砂糖10克

🥣 营养贴士

南瓜老少皆宜，含有丰富的胡萝卜素和多种微量元素，口感香甜，热量却非常低。

做法

1 南瓜去皮、去瓤，切薄片，放入蒸锅，大火蒸20分钟至熟。

2 碾成南瓜泥，凉凉。

3 面粉加入酵母粉、细砂糖，搅匀。

4 南瓜泥与面粉搅拌成絮状后，揉成光滑的面团。

5 将面团盖上湿布，放在温暖的地方发酵，至面团体积变成原来的2倍。

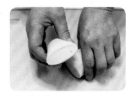

6 再次揉面团，至面团的横截面没有很多孔洞。

7 将面团分成30克左右的剂子，揉成圆形。

8 放入蒸锅，二次发酵半小时以上。

9 大火加热至上汽后，改中火蒸15~20分钟，关火后闷3分钟再开盖。

〰 烹饪秘籍 〰

1 酵母菌在高温下会失去活力，因此南瓜泥要凉凉至30℃左右后再加入面粉。
2 面团尽量多揉，排出多余的气体才会组织细腻。

△ 高颜值的秘密

加入南瓜后，普普通通的馒头变得"金贵"起来，蒸熟后更是金黄灿烂，色香味俱全。

自家做的馒头，常常会觉得太过朴素，不够挑动胃口。试试加入金灿灿的南瓜泥，保管让人改变对馒头的印象。

面食也乖巧
猫耳朵

🕐 50分钟（不含醒面时间）　🥢🥢 中等

主料

面粉200克·虾仁50克
豌豆30克·玉米粒30克
火腿20克

辅料

食用油2茶匙·盐1茶匙

🥣 营养贴士

一碗有肉有菜有虾的猫耳朵，碳水化合物、蛋白质、维生素都齐全了。

△ 高颜值的秘密

雪白俏皮的猫耳朵要大小均匀，其他食材也都切得小小的，五彩缤纷，好看又可爱。

做法

1 虾仁、豌豆、玉米粒冲洗，火腿切碎末。

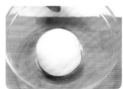

2 面粉中一点点加入60~70毫升水，用筷子搅成雪花状后，揉成光滑的面团。

3 面团醒发1小时左右后，擀成1厘米厚的大圆面片。

4 圆面片对折，切成细长条。

5 再切成均匀的小丁。

6 取一个竹帘，将一个个小面丁在竹帘上碾一下，即成猫耳朵。

7 锅放水煮沸，下猫耳朵，煮熟后捞出沥水。

8 另起锅烧热，放油，下入火腿末爆出香味。

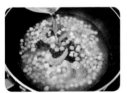

9 放入虾仁、豌豆、玉米粒翻炒半分钟左右，加一碗水煮沸。

10 倒入之前煮好的猫耳朵，再次煮沸后，加盐起锅。

> 烹饪秘籍
>
> 1 猫耳朵的面团要揉得硬一点才有嚼劲，面粉用水量视面团情况酌情加减。
>
> 2 煮好的猫耳朵可以过一遍凉水，会更筋道。

猫耳朵到底是哪里的小吃？有人说是山西的，可为什么杭州的老字号饭店里，也把它作为特色点心？不管是哪里的，好吃才是王道啊。

清新又清香
西葫芦鸡蛋饼

🕐 25分钟　　🍳 简单

主料

西葫芦150克 · 鸡蛋3个
面粉80克 · 虾皮10克

辅料

食用油1汤匙
盐1/2茶匙

🥣 **营养贴士**

西葫芦含有丰富的维生素，而且水分多、热量低，有清热解毒、减肥瘦身的作用。

做法

1　西葫芦洗净后擦成细丝，用盐腌制10分钟。

2　将鸡蛋磕入西葫芦中，加入面粉、虾皮，搅拌成湿润的面糊。

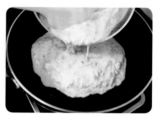

3　平底不粘锅烧热，刷一层油，烧至五成热后，倒入面糊。

4　晃动锅身，使面糊均匀地铺满锅底。

5　中小火煎至两面微黄即可出锅。

〉 烹饪秘籍 〈

1 西葫芦用盐腌制并不是为了出水，而是使西葫芦丝变得蔫软，更容易与面粉混合。
2 西葫芦和鸡蛋、面粉没有固定的比例，以能形成浓稠但能流动的面糊为准。

〉 高颜值的秘密 〈

西葫芦有一种非常清新鲜嫩的颜色，为了保护这种嫩绿的颜色，煎的时候全程中小火，慢慢烘熟。

夏天通常都没有胃口，有时候，妈妈会端上一盘西葫芦鸡蛋饼，搭配一锅绿豆粥，说好的没胃口，顿时变成"真香"。

好吃到飞起
香煎虾饼

🕐 35分钟　　🔥 简单

主料

鲜虾400克·胡萝卜30克
香菇30克·小葱2根

辅料

食用油1汤匙·盐1/2茶匙
料酒1汤匙·淀粉1汤匙
黑胡椒粉2克

🍚 营养贴士

虾是一种低脂肪高蛋白的水产，这里用油煎的方式来烹饪，尽量选用平底不粘锅制作，以减少烹饪中的用油量。

做法

1 鲜虾去壳、去虾线，剁成虾肉泥。

2 胡萝卜、香菇洗净，切碎；小葱洗净，切葱花。

3 所有食材混合，加入盐、料酒、淀粉、黑胡椒粉，搅拌均匀成虾蓉。

4 舀一勺虾蓉，搓圆，再捏扁成小圆饼状。

5 平底锅烧热，刷一层油，烧至五成热后，放入虾饼。

6 中小火煎至虾饼两面金黄即可。

⌐ 烹饪秘籍 ⌐

1 虾肉剁得越细，黏性越好，越容易成团。
2 所有蔬菜都需要沥干水分并剁碎。

⌐ 高颜值的秘密 ⌐

红的鲜虾，绿色的小葱花，只要虾饼捏得均匀整齐，不煎煳，就一定会是一个个萌萌的粉红小圆饼。

吃惯了红焖虾、白灼虾、盐水虾，这次换个方式吃虾吧。虽然看不见虾的样子，入口却清晰地知道，这就是熟悉的鲜美味道。

浓香扑鼻
葱油饼

⏱ 35分钟　🍐 简单

主料

饺子皮150克·小葱50克

辅料

食用油2汤匙·细盐1/2茶匙
熟白芝麻适量

🍚 营养贴士

葱油饼作为传统家常面食，为
了口感香酥，用了较多的食用
油，偶尔品尝即可，不要频繁
大量食用。

做法

1　小葱洗净，沥干水分，切
成极细的葱粒。

2　饺子皮上刷一层油，撒细
盐、葱粒、熟白芝麻。

3　再盖上一层饺子皮，重复
操作3次，一共4层饺子皮，3
层油葱馅。

4　用擀面杖将饺子皮和油葱
馅儿擀成一张大的薄饼。

5　平底不粘锅烧热，刷薄薄
一层油，中小火烙至葱油饼两
面金黄即可。

> 烹饪秘籍

1 也可以再增加两层饺子皮，烙出的葱油饼层次更
　多，也更厚。
2 油的用量以实际使用为准，每层都需要刷油。

> 高颜值的秘密

凡是面饼类都"以
圆为美"，多用擀面
杖操作几次即可熟
练掌握。

记忆中最好吃的葱油饼，是在下午放学的路上，弄堂里有个老奶奶摆摊卖的葱油饼，那个香味飘了好几条街。平常吃饭时把葱花挑出来的人，也会被这迎面扑来的葱香味征服。

热气腾腾
虾仁馄饨

🕐 40分钟　🥄 简单

主料

虾仁100克 · 猪肉末50克
鸡蛋1个（约50克）· 紫菜5克
虾皮10克 · 小馄饨皮30张

辅料

小葱1根 · 料酒2茶匙
盐1/2茶匙 · 生抽1茶匙
香油少许

🍎 **营养贴士**

馄饨虽小，营养俱全，含有蛋白质、碳水化合物、多种微量元素等，而且清淡易消化，适合作为老人小孩的早餐。

⌐ 高颜值的秘密 ¬

粉红色的小馄饨，点缀着黄的鸡蛋丝，绿的小葱花，氤氲着滚烫的热气，最有人间烟火气息。

做法

1 虾仁洗净，抽掉虾线，剁成虾肉泥；小葱洗净，切葱花。

2 将虾肉和猪肉末混合，加料酒、盐腌制10分钟。

3 鸡蛋磕入碗中，打成蛋液。

4 虾仁猪肉馅往一个方向搅打成团。

5 取小馄饨皮，舀一小勺馅，包成小馄饨。

6 平底锅烧至五成热后，倒入蛋液，改小火，煎成蛋皮。

7 蛋皮稍凉凉后切成细丝。

8 碗中放入蛋皮丝、紫菜、虾皮、葱花、生抽、香油。

9 煮锅放水煮沸，放入小馄饨，大火煮至馄饨浮起。

10 将馄饨捞出放入碗中，注入一勺沸水，即成。

⌐ 烹饪秘籍 ¬

虾肉也可以不用剁得过细，留少许颗粒增加咀嚼感。

记得小学门口有一家馄饨摊，卖馄饨的大叔总是用一个小木棍，飞快地沾一点肉馅，转眼就包好了一个馄饨，一盆馄饨馅好像永远用不完似的。小伙伴们嫌他小气，可是小馄饨真的只要一点点馅儿就足够鲜美了。

冰花煎饺

🕐 20分钟　　🍳 简单

主料

速冻饺子300克

辅料

食用油1汤匙
淀粉10克
醋1汤匙

🥥 营养贴士

饺子是中国的传统食品，作为带馅面食，提供多种营养。由于食材剁得很细，很容易消化。为保证营养成分更均衡，馅料以荤素搭配为宜。

做法

1　淀粉用100毫升水搅匀，成水淀粉。

2　平底不粘锅烧热，放油，烧至六成热后，放入饺子。

3　中火煎至饺子底部焦黄。

4　加水淀粉，改小火，盖上锅盖，煎8分钟左右。

5　开盖，晃动锅身，使冰花底朝上，装入盘子。

6　蘸醋食用即可。

―― 烹饪秘籍 ――

淀粉与水的比例大约是1：10，不能过稠或过稀。

🔺 高颜值的秘密

饺子底部焦黄，围绕一圈薄如蝉翼的"白纱"，使普通的饺子仪式感十足。

饺子是家常的，也是隆重的。给日常的饺子增加点花样，给平凡的餐桌添一道色彩，说的就是这款高颜值、零失败的冰花煎饺。

快手美食
圆白菜培根炒乌冬

⏱ 20分钟　🥄 简单

主料

圆白菜60克·培根50克
鸡蛋1个（约50克）·豆芽菜30克
乌冬面1人份（约150克）

辅料

食用油1汤匙·盐2克·蚝油2茶匙

🍚 营养贴士

一份有菜有肉有蛋的乌冬面，提供了充足的营养。需要注意的是，培根是腌肉制品，含有大量的钠，不可过量食用。

做法

1 圆白菜洗净、沥干后，手撕成小片；培根切小片；豆芽菜洗净。

2 鸡蛋磕入碗中，打成蛋液；平底锅烧至五成热，倒入蛋液，改小火，煎成蛋皮。

3 将蛋皮凉凉后切成细丝。

4 炒锅烧热，放油，烧至六成热后，放入培根，爆出香味。

5 倒入圆白菜，翻炒3分钟至蔫软，加入蚝油翻炒均匀。

6 下乌冬面翻炒，倒入小半碗水（约50毫升），大火煮1分钟左右。

7 倒入豆芽菜、蛋皮丝快速翻炒10秒钟左右。

8 加盐，翻炒均匀后起锅装盘。

—— 烹饪秘籍 ——

1 圆白菜用手撕的方法，比刀切的更入味。

2 培根已有盐分，如咸味足够可不用加盐。

△ 高颜值的秘密

最后加入的蛋皮丝，点亮了这盘乌冬面。也可以用黄色甜椒丝代替。

炒乌冬特别适合一人食，快速方便，从准备食材到起锅装盘吃完，半小时不到，但味道、营养和卖相绝不打折扣。

愿有人问你汤可温

油菜香菇鸡汤面

🕑 35分钟　　🔥 难度简单

主料

小油菜3棵·鲜香菇2朵
冬笋30克·面条1人份（约100克）
鸡汤800毫升

辅料

食用油1汤匙·盐1/2茶匙

🍲 营养贴士

鸡汤鲜美，还是公认的营养"宝库"，有滋补强身的作用。

做法

1　小油菜洗净，香菇切成十字香菇花，冬笋冲洗后切薄片。

2　锅放水煮沸，下面条煮至断生，捞起。

3　锅放油，烧至六成热后，下香菇、冬笋翻炒。

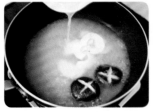

4　倒入鸡汤，大火煮沸。

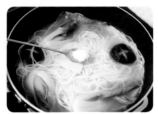

5　下面条、小油菜，大火煮至面熟，加盐调味，起锅。

⌐ 烹饪秘籍 ⌐

1 如需要更多汤，可另外加一小碗水。

2 香菇、冬笋的翻炒环节可省略，直接放入汤中煮熟亦可。

🔺 高颜值的秘密

两朵香菇花，三棵碧绿的小油菜，黄澄澄的清鸡汤，雪白的面条，构成一碗十分迷人的温暖牌汤面。

"鸡汤"除了味道鲜美，还是治愈心灵的良方，不然畅销读本为啥叫"心灵鸡汤"而不是"心灵番茄蛋汤"呢？熬一锅鸡汤，煮一碗鸡汤面，给自己和家人送上温暖。

大道至简
一碗阳春面

🕐 10分钟　🔥 简单

主料

细挂面1人份

辅料

小葱2根·食用油1茶匙
生抽1茶匙·盐1/2茶匙
鸡粉1/2茶匙

 营养贴士

阳春面的主要营养成分只是碳水化合物，但它可以百搭任何食材，搭配一个荷包蛋、两棵青菜，营养就均衡了。

做法

1 小葱洗净后切葱花，与食用油、生抽、盐、鸡粉放入碗中。

2 锅中烧开水，舀一些开水冲入调料，搅匀成汤。

3 沸水中下挂面煮熟。

4 捞起放入汤中即成。

烹饪秘籍

1 面条尽量选用易煮熟的细面。
2 可以用猪油代替普通食用油，增加香气。

高颜值的秘密

阳春面的颜值就在于浅浅的酱油汤，几点碧绿的葱花和一团雪白的面条。煮面时水放多些，煮出来的面条能保持清爽。

名字好听的阳春面，其实就是一碗清汤面，这碗面却印在很多人的心头：它可能是你寒夜饥肠辘辘时的美餐，也可能是你偶然小病时的治愈良方……

吃冷面的最好季节是夏天，午后蝉儿叫得欢的时候，老式面馆里，电风扇摇头晃脑地吹，冷面酸甜可口，一碗下去暑气顿消。不过要是在冬天开着暖气的房间里吃冷面，也是别有一番味道啊。

沁人心脾

家常冷面

🕐 30分钟　🔥 简单

主料

荞麦面100克·卤牛肉30克
黄瓜50克·鸡蛋1个（约50克）
辣白菜20克·梨半个（约40克）

辅料

果醋1汤匙·米醋1汤匙
盐1/2茶匙·雪碧200毫升
熟白芝麻少许

🍚 营养贴士

荞麦是一种粗粮，比精制面粉做成的面条含有更多的膳食纤维和微量元素，搭配牛肉、蔬菜，营养更全面。荞麦冷面开胃解腻，特别适合"苦夏"胃口不好时食用。

做法

1 卤牛肉切薄片，黄瓜、梨去皮后切丝。

2 鸡蛋煮熟，凉凉后剥壳，切两半。

3 锅中烧开水，加盐，下荞麦面煮熟。

4 荞麦面捞起过凉水。

5 取一个大碗，倒入100毫升左右的凉开水，加入雪碧、果醋、米醋，搅匀。

6 荞麦面放入汤中，上面摆上各种配菜，撒上熟白芝麻即可。

> 烹饪秘籍

荞麦面煮熟后需要过凉水或冰水，以防面"坨"。

> 高颜值的秘密

荞麦冷面全程不用油，汤色纯净，各类配菜整齐摆放即可。

CHAPTER

点心糖水，
给你的生活加点甜

浓郁热带风

木瓜椰奶冻

🕐 50分钟（不含冷藏时间） 🔥 简单

主料

木瓜1个（约300克）
椰奶200毫升·椰浆50毫升

辅料

吉利丁片2片（10克）

🥥 营养贴士

木瓜含有多种氨基酸，还有木瓜蛋白酶和丰富的维生素C，倒是大家津津乐道的丰胸作用，没有经过科学证实。

做法

1 吉利丁片在冷水中浸泡半小时以上至软。

2 木瓜在3/4处横切一刀，取大的部分。

3 切掉蒂部2厘米左右，使其能竖着平放，用勺子挖掉木瓜子。

4 椰奶和椰浆混合，放入泡软的吉利丁。

5 连容器浸入热水中，使吉利丁化开，搅匀椰奶椰浆混合液，凉凉。

6 倒入木瓜中，冷藏3小时以上使椰奶凝固。

7 取出，切开即可。

烹饪秘籍

加入椰浆使口味更浓郁，也可用牛奶加椰子粉代替。

高颜值的秘密

加了吉利丁的椰奶溶液要经过冷藏才能凝固，也只有凝固了，才能切出漂亮的横截面。

下午茶、家宴、聚会，往往需要一道好看出彩的甜点来烘托气氛。其实好看、有仪式感的甜点并不意味着繁琐的程序，只需要一点点心思就足够了。

冰冰凉，牛奶香

牛奶小方

⏱ 20分钟（不含冷藏时间）　🔥 简单

主料

牛奶250毫升
淡奶油80克
玉米淀粉45克
细砂糖30克
椰蓉25克

🥥 营养贴士

牛奶是最好的钙质来源，老少皆宜。

做法

1 将玉米淀粉、细砂糖倒入牛奶中，搅拌均匀。

2 倒入淡奶油，混合均匀。

3 奶锅烧热，倒入混合液，小火加热。

4 待混合液浓稠，逐渐凝固时，倒在铺了一层椰蓉的方形容器中。

5 放入冰箱冷藏3小时以上。

6 取出，切成小方块，裹上一层椰蓉即可。

⟩ 烹饪秘籍 ⟨

1 淡奶油增加液体的浓稠度和口味浓度，不要用牛奶代替。

2 小火煮混合液时注意火候，要煮到浓稠但能流动的程度。

⟨ 高颜值的秘密

为方便脱模，容器底部一定要薄薄刷一层油，或者铺一层椰蓉，否则就切不出整齐的小方块了。

这款牛奶小方是基础配方，还可以用火龙果汁、芒果汁代替牛奶做成粉色、黄色小方，妥妥的网红甜点。

入口即化，清爽不腻

绿豆糕

🕐 80分钟（不含浸泡时间） 🥄🥄 中等

主料

脱皮绿豆200克
细砂糖50克
黄油30克

辅料

干桂花少许

 营养贴士

绿豆有清热降火的作用，夏天多喝绿豆汤、吃绿豆糕，清凉解暑。

做法

1 脱皮绿豆冲洗干净，浸泡8小时以上。

2 泡好的绿豆放入蒸锅，上汽后，大火蒸40分钟以上至绿豆软熟。

3 将绿豆、细砂糖放入料理机，加少许水一起打成绿豆泥。

4 不粘锅烧热，放入黄油融化。

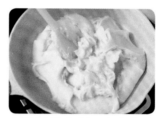

5 绿豆泥入锅，中小火翻炒，至锅底平滑光洁，绿豆泥团成一团。

6 绿豆泥凉凉后，加入少许干桂花，用模具按压出形状即可。

烹饪秘籍

炒绿豆泥时全程中小火，以防炒煳。

高颜值的秘密

如需要非常细腻的绿豆泥，还可以在搅打后过一遍筛。

市售的绿豆糕为了延长保质期，往往含糖量可观，不但容易腻，对健康也不好。自己在家做，冰凉清爽、入口即化，多吃也无负担。

草莓大福

🕐 80分钟 ・ 🍠 简单

主料

糯米粉90克 · 玉米淀粉25克
豆沙80克 · 草莓8个

辅料

糖粉20克 · 玉米油1汤匙

🍚 营养贴士

这款甜点糯米粉的用量非常少，基本不存
在不好消化的问题，豆沙也可以自己熬
制，以减少糖的用量。草莓含有丰富的维
生素C，可以经常食用。

做法

1　草莓洗净，去蒂，用
厨房纸巾吸去水分。

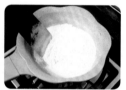

2　10克糯米粉在平底不
粘锅中翻炒至微黄色，
出锅备用。

3　豆沙分成8份，每份
包入1个草莓。

4　将80克糯米粉、玉
米淀粉、糖粉、玉米油
混合，倒入大约90毫升
水，搅匀。

5　糯米面糊盖上保鲜
膜，放入蒸锅，大火上
汽后蒸20~25分钟。

6　取出凉凉后，分成
8份。

7　手上沾少许熟糯米粉
防粘，将每份糯米皮包
入一份豆沙草莓即可。

> 烹饪秘籍
>
> 蒸熟的糯米面皮比较粘，可以将糯米面皮摊开在保
> 鲜膜上，放入豆沙草莓后，再抓住保鲜膜四角，使
> 其成为一个团子。

> 高颜值的秘密
>
> 这款小甜点层次丰
> 富，为了得到漂亮的
> 横截面，豆沙和外层
> 的糯米面皮需要包得
> 均匀。

大福是一种日式点心，草莓大福就是草莓糯米团子。大福也可以包入芒果或者其他水果，但是都不如草莓大福深入人心，为啥？因为草莓颜值高呀！

甜点的治愈力
焦糖布丁

🕐 60分钟　　🍳 简单

主料

牛奶150毫升
鸡蛋2个（约100克）
细砂糖50克

辅料

香草精1/2茶匙

 营养贴士

牛奶和鸡蛋含有丰富的蛋白质和钙质，这道甜点适合所有年龄人群。需要注意的是，糖的使用量不要太高。

做法

1　大火烧厚底不粘锅至七成热后，转小火。

2　加入20克细砂糖、1汤匙水，小火熬糖，至糖汁变成咖啡色。

3　熬好的焦糖汁倒入烤碗。

4　取奶锅，放入牛奶和30克细砂糖，加热至糖溶化。

5　鸡蛋磕入碗中，加入香草精，搅拌均匀。

6　将牛奶和蛋液混合，过两次筛后，倒入烤碗。

7　烤箱预热160℃，烤碗包裹锡纸，烤盘中注入热水，烤45分钟左右。

✂ 烹饪秘籍

1　布丁液需要过筛两次，以保证布丁细腻无孔洞。

2　牛奶不要加热到高温，以防蛋液烫熟。

✂ 高颜值的秘密

烤好的布丁可以脱模倒扣在白色深盘中，配一柄金属小勺，精致又好看。

那些整齐排列在甜品店玻璃柜里的焦糖布丁们，每次见到它们时，总感觉它们在向我招手："来带我走吧，我可好吃了！"自己动手做的焦糖布丁刚出炉，热乎乎、甜蜜蜜的，充满治愈的力量。

碗里的小团圆

酒酿圆子羹

🕐 20分钟　🔥 简单

主料

糯米圆子80克 · 酒酿300克
鸡蛋1个

辅料

淀粉1汤匙 · 白糖1汤匙
干桂花适量

🍚 营养贴士

酒酿是糯米发酵而成的甜米酒，加上鸡蛋，含有丰富的蛋白质，有益气生津的作用。不过这道点心有糯米和微量的酒精，老人和小孩浅尝即可，不要多吃。

做法

1　淀粉加2汤匙水化开，搅匀成水淀粉；鸡蛋磕入碗中，搅成均匀的蛋液。

2　酒酿放入煮锅中，加约800毫升水，大火煮沸。

3　放入糯米圆子，煮至圆子浮起。

4　蛋液倒入碗中，用锅铲缓缓推动几下，使蛋花凝固。

5　水淀粉画圈状倒入锅中，搅拌均匀。

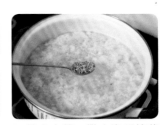

6　放入白糖，撒少许干桂花后，即可起锅装碗。

> 烹饪秘籍

1 淀粉一定要用水化开，否则大块生淀粉入锅会凝固成一坨。

2 酒酿发酵后一般会自带甜味，糖可以酌情减量。

△ 高颜值的秘密

无馅的迷你小圆子很容易熟，但不能久煮，否则会失去弹牙的口感，还会破相。

冬夜，一家人围坐客厅，大人话家常，小孩做游戏，这时候，来一碗甜香扑鼻的酒酿圆子羹做助兴的小点，再适合不过了。

紫薯银耳汤

🕙 100分钟（不含泡发时间）　🔥 简单

主料

干银耳10克
紫薯50克

辅料

冰糖30克

🍵 营养贴士

银耳又名白木耳、雪耳，因其有美容养颜的作用且价格低廉，有"平民燕窝"的美誉。

做法

1 银耳在清水中泡发1小时以上，冲洗掉杂质，去蒂，撕小朵。

2 紫薯去皮，切成均匀的小块。

3 银耳放入汤煲中，加800~1000毫升水，大火煮沸后改小火炖1小时。

4 放入紫薯、冰糖，炖半小时左右，至紫薯软熟即可。

烹饪秘籍

银耳要小火慢炖才能炖出胶质，变得软滑浓稠。

高颜值的秘密

紫薯不要加太多，也不要煮太长时间，以免紫薯变成蓝紫色。

銀耳汤是很家常的糖水和甜品，不难煮，要的是一份时间和耐心，以及一点巧心思，寻常一样银耳汤，放点紫薯便不同。

🥄 甜品和糖水总是给人一种清凉感，仿佛最适合夏天。但这款热乎乎的甜汤不仅好喝，还很养生，最重要的是特别温暖。

温暖治愈
红薯姜糖水

🕐 60分钟　🔥 简单

主料

红薯100克
老姜片10克

辅料

红糖30克

🥣 营养贴士

姜和红糖不仅暖胃驱寒，还有预防和治疗感冒的作用，也特别适合生理期的女性。

做法

1 老姜片放入汤煲，加两大碗水（1000毫升左右），大火煮沸后，小火熬煮半小时左右。

2 红薯去皮，切成均匀的小块，冲洗掉表面的淀粉。

〉 烹饪秘籍 〈

晒干的老姜片比新鲜的生姜味道更浓郁醇厚，如没有，可用20~30克新鲜的生姜代替。

3 红薯块放入汤煲中，大火煮沸后转至中小火。

4 放入红糖，煮20分钟左右至红薯软熟即可。

△ 高颜值的秘密

红薯里的大量淀粉会使汤水混浊，在下锅前多冲洗几遍，洗掉表面的淀粉，可使汤色清亮。

天凉好个秋
荸荠板栗红枣汤

⏱ 60分钟　🥄 简单

主料

荸荠200克 · 板栗200克
红枣60克

辅料

白糖1汤匙

 营养贴士

荸荠又名马蹄，味道清爽多汁，微甜脆口，含有丰富的磷元素。而板栗不仅粉糯甜香，更是营养素的"宝库"，含有蛋白质、膳食纤维、胡萝卜素等。红枣则是补血佳品。

🥢 荸荠和板栗，虽然都是秋冬季节上市，但一个是地里长的，一个是树上长的，一个脆，一个糯，还真是一对反差萌。

—— 烹饪秘籍 ——

板栗较难煮熟，要最先下锅，荸荠和红枣都是可以生吃的，稍煮一会儿即可。

△ 高颜值的秘密

荸荠去皮后放久容易变黄，可浸泡在水中，避免变色。

做法

1 荸荠去皮，板栗去壳、去皮，荸荠、板栗均一切为二；红枣洗净。

2 板栗仁放入锅中，加入两大碗水（约1000毫升），大火煮沸后转中小火焖煮。

3 煮半小时至板栗变软，放入红枣、荸荠，煮20分钟左右。

4 加糖调味，即可起锅装碗。

石榴好吃不好剥，当你好不容易剥好了一大碗石榴子，1分钟榨成了一杯石榴汁，就知道它为什么值得你这么费力了——颜色太美，味道更美。

雪梨石榴汁

🕐 30分钟　　🥄 简单

主料
石榴500克
雪梨100克

🥣 营养贴士

石榴含有多种矿物质和抗氧化剂，有美容养颜、延缓衰老的作用。

做法

1 石榴剥出石榴子；雪梨去皮、去核，果肉切小块。

2 将石榴子和雪梨放入榨汁机，榨成果汁。

＞ 烹饪秘籍 ＜

雪梨的量不可加多，否则榨出来的果汁味道就全是梨味了。

3 过滤掉浮沫，加少许冰块即可。

△ 高颜值的秘密

鲜榨果汁一般有泡沫，只需过筛一两次，就可以恢复颜值。推荐使用透明的玻璃杯盛装这款果汁。

爆款甜品自己做
杨枝甘露

🕐 25分钟　　🍴 简单

主料

芒果600克 · 西米60克
椰浆200毫升 · 西柚80克
牛奶250毫升

辅料

细砂糖1汤匙

🥥 **营养贴士**
芒果含有维生素、蛋白质、膳食纤维等营养物质，还含有一种叫多酚类化合物的抗癌物质。

💬 杨枝甘露是典型的港式甜品，每一家甜品店里，它都在菜单的最上面。要做好杨枝甘露一点都不难，只有两个关键点，那就是：芒果要甜，量要足。

做法

1 芒果去皮，切成大块果肉；西柚剥出果肉。

2 锅中加水，大火煮沸，放西米，改小火煮西米10分钟以上。

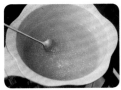

3 至西米变得大部分透明，中间留白心时，关火闷5分钟左右。

4 捞出西米，过冷水。

〉 烹饪秘籍 〈

1 煮西米需要经常翻动，以防煳锅。

2 冷藏2小时以上再喝更美味。

🔺 高颜值的秘密

亮黄色的芒果、淡黄色的芒果椰浆，最好再搭配黄色餐具，给人以明快的愉悦感觉。

5 芒果留80克左右果肉备用，剩下的芒果和椰浆、牛奶、细砂糖放入料理机，打成果浆。

6 果浆倒入碗中，放西米，最上面铺芒果块、西柚果肉即可。

🥄 梁实秋在《雅舍谈吃》里写的酸梅汤，看得人口
舌生津。老字号的酸梅汤好喝到让人"舍不得下
咽"，自家做的，也是酸甜宜人呢。

嫣红似酒

酸梅汤

🕐 45分钟　　🥄 简单

主料

乌梅30克・干山楂25克
甘草5克・陈皮5克
洛神花7克・黄冰糖70克

辅料

干桂花少许

🍲 营养贴士

夏天喝酸梅汤可防暑降温、生津
止渴。但也不要喝太多，因为糖
的用量不少。

做法

1　将除了冰糖、干桂花之外
的所有材料冲洗一下，装入纱
布袋中。

2　放入汤煲，加约1500毫升
水，大火煮沸后转小火煮30分
钟左右。

3　加入黄冰糖搅至溶化。

4　凉凉后，撒少许干桂花
即可。

〉 烹饪秘籍 〈

1 如没有纱布袋，最后将食材过滤
掉即可。

2 可以将酸梅汤制作成冰块，再加
入常温的酸梅汤中饮用，既可解
暑，味道也不会被稀释。

△ 高颜值的秘密

乌梅的烟熏味、山楂的酸、冰糖的
甜，组成了酸梅汤勾人的滋味。
但是一味洛神花不可少，因为它
构成了酸梅汤的嫣红色泽，没有
洛神花，酸梅汤很容易熬成一碗
"中药"。

芳香四溢
热带水果茶

🕐 35分钟　🥄 简单

热带水果吃起来就够热情如火、甜蜜芬芳的了，想不到用来做饮料，更是惊喜无限。

主料

红茶包2包·菠萝100克
橙子80克·芒果60克
荔枝60克·杨桃60克
百香果50克

辅料

柠檬20克·蜂蜜1汤匙

🥣 营养贴士

热带水果味道芳香甜蜜，除了直接吃，也很适合用来做饮料。水果尽量不要高温烹饪，以免其丰富的维生素大量流失。

🔖 烹饪秘籍

1 这款水果茶的水果可以选用自己喜欢的，推荐柑橘类芳香型水果。

2 蜂蜜不要加入滚烫的水中，以免破坏营养。

💡 高颜值的秘密

选用多种颜色的水果，就会形成丰富的层次，一定要用透明的玻璃水壶来制作这款水果茶。

做法

1 菠萝、橙子、荔枝分别去皮，切成小块；柠檬洗净，切薄片；百香果挖出果肉备用。

2 百香果肉、红茶包放入茶壶中，冲入1000毫升左右热水。

3 3分钟后，拿掉茶包，凉凉至温（30℃~40℃）。

4 加入各色水果，调入蜂蜜搅匀即可。

也不知道是哪位天才，发现了乌龙茶和水蜜桃这一对好搭档。乌龙茶的茶香，水蜜桃的果香，就这么你中有我，我中有你，带来了夏日好心情。

蜜桃冰茶

🕐 40分钟　🥄 简单

主料

乌龙茶包2包·桃子果酱2汤匙
新鲜水蜜桃1个·冰镇养乐多120毫升

辅料

薄荷叶少许

🍵 **营养贴士**

乌龙茶是一种半发酵茶，含有茶多酚，有调节血脂的作用。水蜜桃肉甜多汁，含有丰富的铁质。养乐多则补充了益生菌。养乐多已有糖分，这款饮料无须额外加糖了。

做法

1　乌龙茶包加热水，泡出约200毫升茶汤。

2　在茶汤中加入桃子果酱，搅拌均匀，凉凉。

3　水蜜桃去皮、去核，切成小丁。

4　将水蜜桃果肉、养乐多加入乌龙茶中，点缀少许薄荷叶即可。

✁ 烹饪秘籍

1　乌龙茶包也可用冷水泡出茶汤，但需时更长。

2　如有手工熬制的桃子果酱更好。

△ 高颜值的秘密

蜜桃乌龙茶好看的秘密，就是要用好看的杯子装，再配一根粗吸管。

美味减脂饮
猕猴桃思慕雪

🕐 10分钟　　🥄 简单

主料

猕猴桃1个（约60克）
酸奶300毫升
杨桃半个（约50克）
香蕉1个（约60克）

辅料

水果麦片1汤匙

🍚 营养贴士

酸奶、水果、麦片，组成了高钙高维生素的一杯低脂健康饮品，可以作为早餐或下午茶。还可以增加少许坚果碎，营养更全面。

⟩ 烹饪秘籍 ⟨

要选用原味酸奶，可以适当添加蜂蜜调味。

△ 高颜值的秘密

水果可以根据自己的喜好选择，但是要注意选用的食材色系要一致。

🍆 思慕雪是国外社交媒体上的宠儿，健身博主们都喜欢手持一杯思慕雪，看起来又阳光又健康。思慕雪美味、低脂、好看又多变，造就了它的"网红"体质。

做法

1　猕猴桃去皮，横切成椭圆形薄片；杨桃横切成星星状薄片；香蕉去皮、切块。

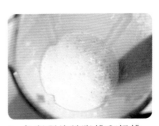

2　各留两片猕猴桃和杨桃，剩下的和酸奶、香蕉放入料理机，搅打成酸奶水果泥。

3　两片猕猴桃片和一片杨桃放入透明玻璃杯，贴在杯壁上，倒入酸奶水果泥。

4　撒上水果麦片，插一片杨桃，即成。

吃出健康系列

西餐 轻松做

懒人下厨房

烤箱料理

好吃又懒做

懒人快手营养早餐

懒人下厨房系列

懒人下面条

花样烤箱料理

懒人健康菜

烤着吃才香

烤箱轻食

懒人快手做一餐

米饭最佳伴侣

米饭爱小炒

烘焙情书

好汤好菜

意面和比萨

不可一日无肉

家常美食系列

零失败家常菜

回家吃饭

一碗好酱一桌好菜

蒸炖煮一本全

鱼 我所欲也

原汁原味好吃蒸菜

清粥小菜

麻辣鲜香馋嘴川菜

花样主食

晚餐请吃七分饱

午餐

爱吃馅

野餐便当

缤纷饮品

炒饭炒面

在家吃火锅

面包上的100种早餐

果汁果酱

图书在版编目（CIP）数据

萨巴厨房. 高颜值简单料理 / 萨巴蒂娜主编 .
— 北京：中国轻工业出版社，2020.7
ISBN 978-7-5184-3007-9

Ⅰ . ①萨… Ⅱ . ①萨… Ⅲ . ①家常菜肴 – 菜谱
Ⅳ . ① TS972.12

中国版本图书馆 CIP 数据核字（2016）第 082932 号

责任编辑：高惠京　　责任终审：劳国强　　整体设计：锋尚设计
策划编辑：龙志丹　　责任校对：晋　洁　　责任监印：张京华

出版发行：中国轻工业出版社（北京东长安街6号，邮编：100740）
印　　刷：北京博海升彩色印刷有限公司
经　　销：各地新华书店
版　　次：2020年7月第1版第1次印刷
开　　本：710×1000　1/16　印张：12
字　　数：200千字
书　　号：ISBN 978-7-5184-3007-9　定价：49.80元
邮购电话：010-65241695
发行电话：010-85119835　传真：85113293
网　　址：http://www.chlip.com.cn
Email：club@chlip.com.cn
如发现图书残缺请与我社邮购联系调换
190902S1X101ZBW